藍帶廚藝學院名師親自傳授

渡邊麻紀的
湯品與燉煮料理

渡邊麻紀　著

程馨頤　譯

前言

湯，是種老少咸宜、人人都喜愛的料理。無論是想暖和身子、恢復體力，或感覺肚子餓的時候，喝上一口熱騰騰的好湯，那股溫潤沁入心脾所帶來的莫大滿足感，正是湯品所具有的獨特魅力。一想到家裡有熱湯和燉菜在等著我，就不禁想趕緊回去，愜意地品嘗那份療癒的美味。

本書網羅了我的各式原創食譜，為各位獻上備受愛戴的人氣湯品及燉菜，其中也介紹了多種全新香料與豐富多樣的創新吃法。

「從今天起，想開始好好做料理！」本書正是為了擁有這想

I WILL

法的人所製作。各篇食譜中，
加入了許多簡易實用小祕訣，
維持傳統作法的同時，又能實
際感受到「變好吃了」！舉例
來說，在烹調前多用點心處理
食材，仔細去除魚腥味、瀝乾
蔬菜的水分等等，瞬間便能讓
美味升級，增添料理的醇厚風
味。又或者，只是試著加入幾
片香草烹煮，便能將在國外品
嘗過的道地原味精彩重現！

只要煮過一次，便一生受用。
若各位能夠在實作當中，發現
美味烹調的祕訣、或研發出創
新食譜，我也會非常開心的。
就像一直以來深受人們喜愛的
義大利蔬菜湯、法式洋蔥湯及
玉米濃湯一樣，希望對購買此
書的你而言，這也能夠成為一
本百看不膩的好書。

渡邊麻紀

3

CONTENTS

PART 1

萬年屹立不搖！人氣湯品嚴選

經典好湯

PART 2

吃得到滿滿的蔬菜鮮甜

蔬食濃湯

PART 3

好想配飯吃！幸福滿點的一道

配角好湯

的魅力

湯品篇　p.16～91

1

只需這一道，便能攝取滿滿的肉和蔬菜！營養均衡、健康滿分

本書收錄了各式使用大量魚、肉、蔬菜等食材製作的絕品好湯，以及濃縮了整顆蔬菜鮮甜的美味燉菜。營養滿點、飽腹感十足且相當健康，最適合腸胃狀況不佳時食用。用料豐富的各款熱湯，既溫胃又暖心！

托斯卡尼義式蔬菜湯p.16

豬肉味噌湯p.24

- 暖和身子
- 大量蔬菜
- 健康取向
- 超好消化
- 療癒心靈
- 高飽足感

2

再配上白飯、麵包，就是個「正餐」。做飯變得好簡單

擁有豐富的配料，就像是「能吃的湯品」一樣。無須準備三菜一湯，只要端這一道上桌，便能滿足你我的胃。簡易快速，又能讓人保有充實飲食生活的美味好湯，再加點沙拉或泡菜搭配更對味。

最適合忙碌的你

西班牙番茄香蒜湯p.60

3

每日一餐或宴客料理皆宜。用途廣泛的嚴選菜單

這些是每天早中晚食用都合適、老少咸宜的料理，也是款待客人的最佳選擇。無論是一碗暖呼呼的美味熱湯，還是在提不起食慾的炎夏裡品嘗的冰涼冷湯，本書要向你介紹備受喜愛的各款高人氣經典湯品。在熟悉了這些經典湯品的作法後，不妨也來挑戰看看PART4更高難度的款待好湯吧！

鮭魚菠菜奶油濃湯p.82

ARRANGE

只要鋪上派皮，再烤一烤→

鮭魚菠菜鹹派p.82

有這道就夠了！ 每日一湯

舉例來説……

BREAKFAST
早餐好湯

高麗菜香腸番茄湯p.64

飽滿的用料，
只需燉煮的湯品，
最適合忙碌的早晨。

LUNCH
午間濃湯

南瓜濃湯p.51

無論是什麼湯，
只要倒進保溫瓶裡，
就是熱騰騰的佳餚。

DINNER
晚餐燉湯

擔擔湯p.58

用料豐富、風味醇厚
的擔擔湯，不禁讓人白飯
一碗接一碗。

配合各自的
生活習慣與
身體狀況

能冷藏、冷凍的料理可事
先製作，方便又快速♪

推薦菜單

燉菜篇　p.94 ～ 135

瞬間增添餐桌豪華感的一道！

燉煮料理，只需一個鍋具，便能輕鬆完成；不僅意外地簡單好做，大多數看起來還十分華麗。無論是作為自家餐桌上的每日配菜，還是款待客人的佳餚，都是你的最佳選擇。只需這一道，必定能讓家人、朋友心滿意足地離開餐桌。而且前一天就能先做好備用，這一點也相當具有魅力。

高麗菜捲p.104

每日配菜

款待佳餚

羅宋湯p.116

燉煮只需一個鍋具，真的很簡單！

乍看可能會覺得難度很高，但其實只需用一個鍋子燉煮，即可輕鬆端上桌，燉煮料理真的非常簡單！之後只要熟悉了喜愛的燉煮鍋具用法，一定能做得更加好吃，而且以小火咕嚕咕嚕燉煮的同時，還能抽空去製作其他料理！

咕嚕咕嚕

8

因為保存期限長，那就先做好備用吧。
第二天起更加美味可口！

由於經過長時間的燉煮，所以能夠保存好一陣子。燉煮料理的魅力之一，就是可以先做好備用，一次大量製作，便能享用好幾天。關東煮和各式燉菜，在冷藏入味後的隔天起，會變得更有風味。在忙碌的日子或是宴客的前一天先做好，既能保持從容又能維持美味，簡直一石二鳥。

放進保存容器或保鮮袋內

慢慢吸收美味的燉菜

關東煮p.110

牛肉馬鈴薯
捲心菜燉湯p.96

搭配白飯和酒的好選擇

加點香草 & 香料
瞬間美味升級！

嗅覺與味覺關鍵　　點綴裝飾用　　去腥用

乾燥香草 & 香料

在超市可以買到擺放在小瓶子裡的乾燥香草與各式香料，簡單好入門，相當推薦初學者。在家中擺上幾瓶，方便又實用。

小瓶子輕巧好拿！

小茴香（小茴香種子、小茴香粉）

具強烈有餘韻的香氣與淡淡的苦澀味，是經常與咖哩混合使用的香料之一。市面上販售的小茴香，除了整顆種子的顆粒狀外，也有粉末狀的。其獨特香味與肉類是絕妙的搭配，又能用來去除腥味，常被用來製作各式肉類料理。若想好好品味餐點口感，可使用顆粒狀小茴香。

肉桂粉／肉桂棒

有著特殊的芳香，是種從桂皮上剝取下來加以乾燥的香料，獨特的香甜中帶有淡淡的辛辣味。肉桂棒經常用來製作卡布奇諾，肉桂粉則多作為調味，用於蘋果派、肉桂捲等各式西式甜點中。

藏茴香籽

甘甜的香氣、些微的苦味及一粒一粒的口感，是其最大特徵。外型與小茴香十分相似，所以經常被搞混。與高麗菜是絕配，是製作德國酸菜時不可或缺的辛香料。另外，在德國是製造利口酒的原料，也是銀色子彈等雞尾酒的配方之一，並以作為義大利利口酒金巴利的香料之一而聞名。

薑黃粉

俗稱鬱金。帶有獨特香氣與苦味的黃色辛香料，是咖哩粉的主要原料。加太多會讓顏色失衡，料理也會呈現粉末狀，要多加留意！

芫荽（芫荽籽、芫荽粉）

芫荽（香菜）的種子。與香菜葉不同，帶有柑橘類水果的甜味，顆粒狀的芫荽籽有著淡淡的香氣。市面上有販售粉末狀芫荽，可用於增加料理濃稠度。

卡宴辣椒粉

即紅辣椒的粉末，相當辛辣。加進料理後，便無法中和其辣度，記得適量地添加。

五香辣椒粉

把帶有強烈辣味的辣椒磨成粉，再混合奧勒岡、洋茴香等等辛香料的粉末。在日本亦被稱作西式七味粉。

韓式辣椒粉（純辣椒粉）

即紅辣椒的粉末。韓式辣椒粉的辣度較日式純辣椒粉更為溫和。家中沒有的時候，可用純辣椒粉或豆瓣醬來代替。

月桂葉

乾燥後的月桂樹葉片，有消除肉類腥味的效果，是製作各式湯品、肉類料理、燉煮菜餚不可或缺的佐料。

丁香

將桃金孃科植物樹上的花蕾加以乾燥後的辛香料。帶有強烈的香氣，經常用來製作咖哩粉、印度奶茶及燉菜等等。

肉豆蔻

特徵是其特有的甘甜香味，多用來去除肉類料理的腥味。雖說市面上販售的粉末很方便好用，但若將整顆肉豆蔻磨碎使用，香味會更加濃厚。

白胡椒粒

把成熟的胡椒果皮剝下後加以乾燥的香料。辛辣味較黑胡椒溫和，帶有優雅的香氣。

黑胡椒粒

將熟成前的胡椒果實加以乾燥的香料。有著強烈的香味與辣味，將顆粒研磨得越細，辣味也會隨之增加。

即使沒備齊也沒關係，依照個人喜好慢慢嘗試吧。

烹調時，常藉由香草和香料的獨特香氣來消除肉與魚腥味，也是各式料理的風味與擺盤重點。只要加入湯品和燉煮菜餚中，便能瞬間升級色香味，更可以增添味蕾的深度。而靈活地運用各種香草及香料來製作各式佳餚，就是渡邊麻紀的湯品與燉菜的美味祕訣。確實地了解其種類與特徵，試著依照個人喜好，將它們加進料理當中吧！

試試新鮮香草吧！

新鮮香草的特徵就是，有著與乾燥香草截然不同的清新香氣。加進湯品或燉煮菜餚中，便能將料理提升至另一個層次。

香菜
有著強烈的特殊香味，經常運用在泰國或越南等等亞洲料理中。在亞洲大多使用新鮮的莖葉部分來烹調，歐洲則大多是將果實當作香料來使用。

羅勒
是種與紫蘇有著相似氣味的香草，經常出現在義大利料理當中。由於和番茄搭配得宜，大多用來製作番茄基底的湯頭或燉煮料理。

荷蘭芹
經常將整片葉片丟入或切碎加進菜餚中烹煮，用來增添色彩與風味等等。在形形色色的食譜中，是種簡單好用的香草。

義大利扁葉香芹
帶有比普通荷蘭芹更溫和的香氣，還有柔和的苦味。由於葉片的形狀相當可愛，經常點綴在沙拉、義大利麵上，或裝飾於湯品表面。

百里香
擁有能消除肉類及魚貝類腥味的高雅香氣。多用於湯品或燉煮料理，也常出現在法國香草束中。由於有著強烈的香味，記得要控制用量。

香葉芹
帶有清爽的香甜氣味，常見於湯品、沙拉或各式調味料中。英文俗名為Chervil。

鼠尾草
以前常被當作藥草使用，現多用於去除魚、肉類料理的腥味或增添香氣。也經常被拿來沖泡花草茶。

奧勒岡
由於與番茄、起司等食材有著絕妙的搭配平衡，經常出現在披薩、義大利麵當中。此外也有去腥的功效，所以常被用來燉煮肉類料理。

洋茴香
有舒爽的清新香氣與強烈的甜味，經常被拿來搭配魚類料理。葉片形狀與茴香葉相當相似。

香草小知識……

法國香草束
將荷蘭芹、百里香、月桂葉或西芹等香草莖捆成一束，可去除肉類及魚貝類的腥味，多用於各式燉煮料理。捆入喜歡的香草來烹煮吧！

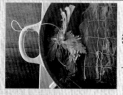

使用前先綁在鍋子上！

放進湯品或燉菜後，就經常會不見蹤影，記得將捆住香草束的線事先綁在鍋子的把手上。

市面上販售的香草束
有些是綜合各種乾燥香草，做成茶包的樣子。用法與普通的香草束相同。

能把湯品與燉菜做得更好吃！
推薦好鍋 & 調理用具

兼任平底鍋與燉煮
鍋的雙重角色，家
裡有這種淺鍋真的
很方便。

琺瑯鑄鐵鍋

倒入模型中加工製造，再以琺瑯塗層而成的厚實鑄鐵鍋，最大的特徵就是受熱均勻、儲熱穩定。其良好的保溫效果與高密封性，讓美味不流失，能在燉煮過程中，慢慢地提引出食材的原汁原味。烹煮時不易沾鍋，加上高抗酸蝕的功能，收拾起來既快速又方便。除了燉煮料理外，用來炒菜、炸物也十分適合，或者可直接打開鍋蓋加熱使用。本書主要是以直徑20和22公分的琺瑯鑄鐵鍋來烹煮料理。

不鏽鋼鍋

擁有高保溫效果的不鏽鋼，配上熱傳導性優異的鋁合金，無論是導熱或是蓄熱效果都極佳。有強烈抗酸性，加上輕巧好拿，收納起來很方便。

壓力鍋

藉由提高鍋中壓力，而達到高溫調理的效果，大幅地縮短了烹煮的時間。即使是肉類、豆類等需要一段時間才能煮熟的食材，也能迅速變軟嫩入味，絕對是個廚房的好幫手。

＊即便是熄火後，鍋內仍會維持著高壓、高溫的狀態，記得一定要確認壓力鍋完全洩壓，才能打開鍋蓋。使用方法與烹調時間會根據鍋具廠商而有所不同，請仔細地閱讀說明書。

土鍋

厚實而導熱較慢，因此能緩慢、均勻地加熱各式食材。不過土鍋易染色且會吸味道，未擦乾就開火，很可能會裂開，要多加留意。

塔吉鍋

在非洲與摩洛哥地區常使用的陶製無水烹調鍋，最大的特徵是那像帽子一般尖錐狀的鍋蓋。食材內的水分（水蒸氣）會在鍋內產生對流循環，達到無水蒸煮的效果。

平底鍋

便於調理那些先炒再煮的料理。建議可選用氟素樹脂加工製的平底鍋，不易沾黏食材，相當方便好用。另外，記得選購底部平穩不易晃動的鍋具。

為各位介紹能快速烹調出美味湯品和燉煮料理的實用調理器具。
特別是如果有偏愛的鍋具，不妨善用其特點，掌握各種煎煮技巧吧！

調理機、果汁機

能將食材攪拌地細緻均勻，是製作魚漿、濃湯等等料理不可或缺的助力。手持式攪拌棒既輕巧又方便，可直接放進鍋中攪拌也是一大優點。依照使用時的手感來選購適合自己的器具吧。

手持式攪拌棒

隔熱手套

特別是琺瑯製鍋具的把手通常都會很燙，拿取時一定要記得使用隔熱手套或抹布。使用烤箱時，也要記得戴上隔熱手套，以免燙傷。

打蛋器

在琺瑯鑄鐵鍋內使用打蛋器時，要小心不要傷到鍋具。建議可選購矽膠製打蛋器。

木製刮杓

拌炒、混勻食材時不可或缺的萬用木製刮杓。前端的設計有形形色色的種類，不妨收集幾種不同造型的刮杓，好用又方便。

橡膠刮杓

在烹調湯品或燉煮料理時，建議可使用矽膠製的高耐熱型刮杓。但若長時間放在鍋具中容易變形，要多加留意。即便對手是在鍋底、調理機內，都能一滴不剩地輕鬆鏟進碗中。

隔熱鍋墊

將鍋具擺放在廚房或桌上時，根據桌面和廚房流理台的材質，有時滾燙的鍋子可能會留下些痕跡，要記得鋪上隔熱鍋墊。

本書使用方法

關於「高湯」、「高湯素」

本書出現的「高湯」、「湯凍」、「高湯素」，可使用市面上販售的高湯粉、高湯塊，也能以自製的高湯或湯塊來烹調。如果想嘗試自己製作的話，可參閱附錄〈煮過一次便一生受用！4種絕品高湯〉的調理方法。

市售的高湯類產品

自製高湯
（可分批使用！請參閱附錄）

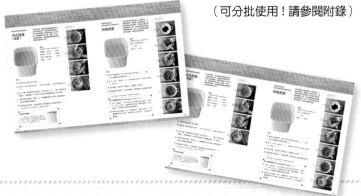

無論哪種都OK！不過還是建議可試著自製高湯或湯凍，會讓料理更加美味。

關於火候

若食譜中沒有特別說明火候的強度，就請以中火熬煮吧。不過根據鍋具和食材大小的不同，所需火候也各不相同。記得隨時留意鍋內烹煮狀況，別讓料理燒焦了。

關於調理方法

●基本上，材料皆以4人份為主。
●關於容量單位，1小匙＝5毫升，1大匙＝15毫升，1杯＝200毫升。
●當沒有特別說明蔬菜的調理方法時，通常就是指經過洗淨、削皮等步驟後的狀態；水果的部分，若是在整顆連皮製作的情況下，則最好選用無蠟水果。
●微波爐的加熱時間，主要是以600瓦的瓦數來操作。若是500瓦微波爐，則需將時間調至1.2倍。根據廠牌機種的不同，加熱時間多少也會有落差，建議可邊加熱邊觀察情況再做判斷。

PART 1

萬年屹立不搖！
人氣湯品嚴選

經典好湯

義大利蔬菜湯、蛤蜊巧達湯、法式洋蔥
湯……一直以來深受人們喜愛的各式湯品，
不管是在大人還是小孩之間，都擁有不動如
山的超高人氣。本篇嚴選了各款令人想一再
端上桌的料理，用最簡單的食譜向各位介紹
這些經典湯品。另外，也收錄了最新潮的必
嚐異國湯品。

將白腰豆加進充滿大量蔬菜與義式短麵的蔬菜湯裡，
搖身一變，就成為了洋溢義大利托斯卡尼風情的道地料理。

托斯卡尼義式蔬菜湯

材料【4人份】

番茄罐頭……1小罐（200克）

水煮白腰豆罐頭……約½罐

馬鈴薯……2顆

紅蘿蔔……½根

西芹、櫛瓜……各1小根

洋蔥……½顆

培根……4片（60克）

義大利短麵（依個人喜好選擇）……50克

大蒜……1瓣

月桂葉……1片

橄欖油……2大匙

雞高湯（或蔬菜高湯）……5杯

細絲狀帕馬森起司（或起司粉）……2大匙

鹽……½小匙

胡椒……少許

作法

1 將馬鈴薯、紅蘿蔔、西芹、櫛瓜、洋蔥、培根切成約1公分的方形或方丁。將大蒜對切，去掉蒜芯（a）。

2 將橄欖油倒入鍋中，加入大蒜，以小火爆香。待香味出來後，丟入培根、洋蔥、紅蘿蔔拌炒（b）。將洋蔥炒軟，並倒入剩下的所有蔬菜拌炒（c）。

3 將全部食材拌炒均勻，加入高湯、月桂葉，接著將番茄隨意弄碎丟入。轉至中火，待煮滾後去除表面雜質。倒入義大利短麵，稍微攪拌，蓋上鍋蓋煮約20分鐘。

4 加入白腰豆（d），並撒上些許鹽、胡椒調味，燉煮約10分鐘。

5 裝盤後撒上起司，依照個人喜好，還可淋上少許橄欖油並擺上羅勒裝飾。

食材 MEMO

水煮白腰豆

高蛋白、低脂肪的豆類，是世界各國作為主食或攝取蛋白質的來源。在義大利、法國常被用來製作燉煮料理。

帕馬森起司

大多刨磨成細絲撒在義大利麵上，是義大利起司的代表之一。家中沒有的時候，可用起司粉代替。

POINT

a

將蔬菜、培根等食材切成同樣的大小。

b

用木製刮勺攪拌，炒至洋蔥熟透為止，記得別炒焦了。

c

待洋蔥熟透後，丟入剩下的蔬菜拌炒。

d

白腰豆煮熟後，會自然破裂，能適度增加湯汁的濃稠度。

16

據說源自於美國東海岸的蛤蜊巧達湯，
加入貝類後慢慢燉煮，提引出其鮮甜滋味！

波士頓蛤蜊巧達湯

材料【4人份】

蛤蜊（已吐過沙或小顆的蜆仔）……400克

馬鈴薯……2顆

紅蘿蔔……1根

洋蔥……1顆

培根……3片

大蒜……1瓣

太白胡麻油（或沙拉油）……1大匙

譯註：太白胡麻油是用未烘焙的生芝麻壓榨而成。

奶油……10克

低筋麵粉……3大匙

白酒……¼杯

牛奶……2杯

鹽、胡椒……適量

作法

1 把馬鈴薯、紅蘿蔔、洋蔥、培根切成1公分的方
形或方丁（a）。大蒜對切，去掉蒜芯，再用菜
刀拍扁。

2 將胡麻油倒入鍋中，並放入培根，以小火拌炒至
出油、有焦香味時，將作法1放入，撒入適量的
鹽、胡椒調味（b）。

3 加入奶油、低筋麵粉並輕輕拌勻，倒入白酒後，
轉成中火（c），等煮至表面稍微冒泡時，加入
¼杯水、蛤蜊。

4 煮滾時，撈除表面雜質，轉至小火並蓋上鍋蓋燉
煮約15分鐘。從鍋中取出大蒜片，以湯匙背面壓
碎後放回鍋中。倒入牛奶，並撒上鹽、胡椒調
味，等待再次煮滾。

5 裝盤。若家裡有的話，也可撒上荷蘭芹末，或依
人喜好搭配蘇打餅享用。

當蛤蜊吐沙時……

蛤蜊放進鹽水（以1杯水：1小
匙鹽的比例）中，拿布或紙巾
蓋上，並放在低於常溫的陰暗
處，靜置約1～2小時。將蛤蜊
殼互相摩擦清洗後，放至篩網
上過濾。

建議可以放入剝碎的蘇打餅來搭
配享用。

POINT

將蔬菜、培根等食材切成同樣的
大小。

用木製刮杓拌炒，要注意別讓食
材燒焦了。

待拌炒均勻後，再倒入白酒。

這是道在法國用來恢復元氣的湯品。
撒入些許小茴香粉，做成微辣的口味，即是渡邊麻紀特有的風格。

法式洋蔥湯

材料【4人份】

洋蔥……2大顆（約700克）

法國麵包……4片（5公釐厚度）

🅐 奶油……30克

　　小茴香種子（依個人喜好）……2小匙

紅酒（或白酒）……½杯

鹽……適量

胡椒……少許

乳酪絲……50克

*也可依個人喜好，選用格呂耶爾起司、帕馬森起司、豪達乳酪、披薩用乳酪絲等各式起司。

作法

1 洋蔥切成4等分後，再切成薄片（記得仔細切斷纖維）（a）。

2 取一個較厚的鍋子，開小火，放入🅐、洋蔥、½小匙鹽。均勻拌炒約30～40分鐘至洋蔥上色為止，記得別炒焦了（b）。

3 倒入紅酒並轉成中火，煮滾後加入3.5杯水。等再次沸騰時，撈除表面雜質，轉至小火燉煮約15分鐘。最後撒入少許鹽、胡椒調味。

4 盛至耐熱容器中，再依序擺入法國麵包、乳酪絲。接著放進預熱至200℃的烤箱中，烘烤約7～8分鐘，至乳酪絲上色為止。

乳酪絲

乳酪絲是刨切成絲狀的起司。大多是切達起司、豪達乳酪、莫札瑞拉起司等天然起司所組合而成。一遇高溫便會快速融化，也被稱作披薩用起司。

請參閱 p.10～11 的香草 & 香料介紹

小茴香種子

POINT

a

記得仔細切斷洋蔥纖維，這樣更能提引出洋蔥的鮮甜。

b

烹調時，洋蔥的上色程度便是掌握美味的關鍵。慢慢地拌炒約30～40分鐘至呈現焦黃色為止，記得別炒焦了。

其溫醇的風味，
是腸胃不舒服或身體不適時的最佳選擇。

法式蔬菜清湯

韭蔥

蔥家族的一分子，味道、香氣都比青蔥來的醇厚、柔和，甜度也更高。白色部分較粗，綠色部分雖扁平，仍有相當的厚度，呈現 V 字型。沒有韭蔥的話，也可用青蔥、洋蔥來代替。

材料【4人份】

紅蘿蔔……½根
西芹……1根
韭蔥（或青蔥）……4公分
高麗菜……1大片
蔬菜高湯……3.5杯
鹽、胡椒……少許
橄欖油……4小匙

作法

1. 將紅蘿蔔、西芹、韭蔥、高麗菜切成約2～3公釐的細絲（a）。

2. 把高湯倒入鍋中加熱，煮至表面稍微冒泡時，放入作法1的食材，燉煮約4～5分鐘至食材熟透軟嫩為止。接著撒入少許鹽、胡椒調味。

3. 裝盤。若家裡有的話，也可撒上些許檸檬皮，再淋上少許橄欖油。

POINT

a

將蔬菜細切成約2～3公釐的細絲，便可讓湯品保有溫順的口感。

22

恰到好處的番茄酸味，
與蔬菜精華的完美調和，成就了這道可口冷湯。

西班牙番茄冷湯

材料【2～3人份】

番茄（熟透）……2顆（350克）

紫洋蔥（或洋蔥）……2顆（80克）

小黃瓜……1根

西芹……¼根（40克）

甜椒（紅）……⅛顆（40克）

大蒜（磨碎）……⅓小匙

紅酒醋……2～3小匙

鹽、胡椒……少許

橄欖油……2大匙

法國麵包（切掉茶色部分）……30克
＊或麵包粉……3大匙

食材 MEMO

紅酒醋

以葡萄汁混酒發酵後
釀造出的酒醋。紅酒
醋是以紅葡萄釀製而
成，因此帶有些許的
苦澀味，十分適合用
來燉煮料理。

作法

1 將番茄去皮（放入沸水後，再立即移入冷水中）後，挖掉籽，並切成不規則狀。小黃瓜去籽，甜椒去蒂頭、去籽後，加入紫洋蔥、西芹，一起切成不規則狀。

2 除大蒜外的食材，全部倒入調理機中攪拌均勻。再盛至保存容器中，最後擺入大蒜，放入冷藏室約1小時至1個晚上（放置一整晚會更入味好吃）。

3 裝盤。若家裡有的話，還可再擺上西芹葉片或切成圓片的紅椒、青椒。

以豬肉和根莖類蔬菜製成，用料實在，
是讓人感到滿足的一道湯品！

豬肉味噌湯

材料【4人份】

豬五花肉片……200克
白蘿蔔（細）……7公分（200克）
紅蘿蔔……½根（100克）
牛蒡……40公分（100克）
芋頭……4顆（240克）
蒟蒻……½片（120克）
香菇……4朵
青蔥……½根
太白胡麻油（或沙拉油）……2小匙
譯註：太白胡麻油是用未烘焙的生芝麻壓榨而成。
和風高湯……5杯
味噌……80克

美味小祕訣

麥味噌
源自九州、以麥麴
製成的味噌。帶有
濃濃的麥香及清爽
的風味。甜度會根
據味噌的種類而有
所不同。

黑七味粉
顏色特別深的七味
辣椒粉。其特徵是
帶有能讓鼻子暢通
的強烈香氣與深沉
的風味。

作法

1 將豬肉片切成約3公分寬，取一小鍋水，煮滾後倒入1大匙酒（額外的材料），再將豬肉片分散放入。待豬肉片表面顏色轉白後取出，並瀝乾水分。

2 白蘿蔔、紅蘿蔔切成約1公分寬、¼圓的薄片。牛蒡削皮，斜切成約5公釐厚的片狀，芋頭切成1公分厚的圓片或半圓片狀，青蔥則切成約1公分長度。將香菇根部切除，並從中心豎切成約4～5等分，最後把蒟蒻剝成小塊。

3 將大量水倒入鍋中煮滾，放入作法2的食材，燉煮約1分鐘，用篩網撈起，並瀝乾水分。

4 取一個鍋子加熱，並倒入胡麻油，放入作法3中除青蔥以外的蔬菜和豬肉片。均勻拌炒後倒入高湯，煮滾時，撈除表面雜質，再燉煮約10分鐘。

5 將蔬菜和豬肉片煮至熟透上色後，放入一半的味噌，接著加入青蔥。等青蔥熟透後，再放入剩下的味噌。

6 裝盤。可依個人喜好撒上七味辣椒粉。

滿滿嫩豆腐的經典韓式湯品。
韓式辣椒醬的微辣，讓美味更升級！

韓式海鮮辣豆腐湯

材料【4人份】

蛤蜊（已吐過沙的）……300克

絹豆腐……1塊（300克）

編註：絹豆腐質地較為細膩，以擁有柔滑口感而得名。

豬五花肉片……100克

青蔥……1根

青蔥末……1大匙

胡麻油……1大匙

中式高湯……3杯

Ⓐ 酒……1大匙

　 砂糖、大蒜末……各1小匙

　 醬油……2小匙

　 韓式辣椒醬……1大匙

　 韓式辣椒粉（或豆瓣醬）……1小匙

作法

1 把青蔥斜切成約5公釐寬度，豬肉片則切成約1公
分寬。

2 將胡麻油倒入鍋中後加熱，並放入青蔥末、豬肉
片拌炒（a）。等食材上色後，倒入高湯，再將Ⓐ
依序放入。

3 放入蛤蜊，並用湯匙挖約¼塊的豆腐（重複此動
作），輕輕加進鍋中燉煮。等蛤蜊煮開後，再放
入青蔥，稍微燉煮一下即可。

🥄 食材 MEMO

韓式辣椒醬

韓國料理的經典調
味料，是以米麴、
辣椒粉等製成的發
酵食品。辣中帶些
許甘甜的風味是其
最大特徵。

韓式辣椒粉

即紅辣椒的粉末。
韓式辣椒粉的辣度
較日式純辣椒粉更
為溫和。若家中沒
有的時候，可用純
辣椒粉或豆瓣醬來
代替。

POINT

a

在拌炒青蔥末、豬肉片時，加入韓
式辣椒醬等調味料。

玉米的溫醇甘甜，
與滑順軟嫩的蛋汁是最佳組合。

中式玉米濃湯

材料【4人份】

玉米醬罐頭……1小罐（190克）

玉米粒……100克

中式高湯……3¾杯

紹興酒（或酒）……1大匙

鹽、胡椒……少許

太白粉……2大匙

雞蛋……1顆

作法

1 將高湯、紹興酒倒入鍋中後開火，等表面稍微冒
泡時，加入玉米醬混勻。待再次煮滾後，加入
鹽、胡椒、玉米粒並攪拌均勻。

2 以2大匙水混勻太白粉，以繞圈的方式慢慢倒進
鍋中，輕輕地攪拌勾芡。等表面稍微冒泡時，再
慢慢將打散的蛋液倒入（a），燉煮約1分鐘。

3 裝盤。若家裡有的話，還可撒上些許香菜點綴。

食材MEMO

紹興酒
以中國的糯米為原料釀造
而成的酒，酒精濃度約介
於14～18度之間。據說
有促進食慾、恢復體力、
幫助消化的功效。

POINT

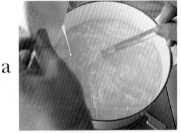

a

一邊拿湯勺在鍋中攪拌，一邊慢慢
將蛋液倒入，濃湯的賣相會更佳。

帶有絕妙黑醋酸味的中式必喝湯品。
加入煮好的麵條，搭配享用更加美味！

酸辣湯

材料【4人份】

豬肉片（後腿肉）……150克

竹筍（汆燙過）……140克

香菇……4朵

絹豆腐……½塊（150克）

編註：絹豆腐質地較為細膩，以擁有柔滑口感而得名。

雞蛋……1顆

中式高湯……4杯

Ⓐ 酒、太白粉、生薑汁……各1小匙

Ⓑ 黑醋……1大匙
　　酒……½大匙
　　醬油……1小匙
　　鹽……½小匙

太白粉……2小匙

香菜（依個人喜好添加）……適量

辣油……少許

作法

1 把豬肉片切成細絲，倒入Ⓐ拌勻入味（a）。

2 豆腐切成16等分的骰子狀，竹筍橫切成約3～4等分，再縱切成薄片。切除香菇根部後，切成薄片。細切香菜莖，並摘下香菜葉備用。

3 將高湯倒入鍋中煮至沸騰，分散放入作法1。等再次煮滾後，轉小火並撈除表面雜質。加入竹筍、香菇燉煮約5分鐘。加入Ⓑ，用2小匙水混勻太白粉，以繞圈的方式倒入鍋中勾芡。放入豆腐，再慢慢將打散的蛋液倒入，燉煮約1分鐘。

4 裝盤。依個人喜好加入適量香菜、辣油。

POINT

a

用酒、太白粉、生薑汁混勻豬肉絲，預先攪拌入味。

濃厚的辛辣和酸味，讓人一喝就上癮，
這就是泰國的傳統蝦湯。

泰式酸辣蝦湯

試著運用泰國的食材來料理吧！

食材 MEMO

材料【4人份】

帶頭鮮蝦……8隻

草菇（水煮罐頭）……12朵

Ⓐ 箭葉橙葉片……3片
　檸檬草莖（約20公分）……2根
　綠辣椒……2根
　泰國薑（薄切）……10克
　香菜（連根帶葉）……2株

太白胡麻油（或沙拉油）
　……1大匙

譯註：太白胡麻油是用未烘焙的生芝麻壓榨而成。

Ⓑ 萊姆（或檸檬）汁……3大匙
　魚露……2大匙
　泰式辣醬……2小匙

作法

1 把草菇縱切成一半後下鍋汆燙（能去掉草菇的腥味，讓料理更好吃）。洗淨蝦子後剪掉蝦鬚（a），並留下蝦殼、蝦頭備用，在蝦身上平均劃幾刀，再去掉腸泥。

2 剝下箭葉橙葉上較硬的葉脈部分後切絲（記得仔細切斷纖維）。將檸檬草莖、綠辣椒切成薄片。接著薄切香菜根和莖，葉片則摘下備用（裝飾用）。

3 將胡麻油倒進鍋中後開火，放入蝦殼和蝦頭，並用木製刮杓壓碎、大力翻炒（b）。接著倒入2.5～3杯水，待煮滾時轉小火，一邊撈除表面雜質，一邊繼續燉煮約10分鐘。過濾掉蝦殼和蝦頭，留下約2.5杯蝦湯。

4 把作法3的湯倒入另一鍋中，加入草菇、Ⓐ燉煮約5～6分鐘。待表面稍微冒泡，放入Ⓑ、作法1的蝦子，燉煮約4～5分鐘至煮熟為止。

5 裝盤，並擺上香菜葉裝飾。

水煮草菇

世界各國皆有的野生和栽培菇類，經常出現在東南亞、中國等地的料理中。在日本則是以罐裝為主流。

箭葉橙葉片

泰國原產的柑橘類，果實為綠色，其香味濃厚的葉片多用來製作燉煮料理。在泰國被稱作Bai Makrut。

檸檬草莖

與檸檬有著相似香氣是其最大特徵。經常運用在亞洲料理中，是製作泰式酸辣蝦湯不可或缺的香草。

綠辣椒

據說是亞洲最辣的辣椒，除了強烈的辣味，也帶有相當獨特的味道。在泰國被稱作Prik Kee Noo。是製作泰式酸辣蝦湯、綠咖哩的重要調味之一。

泰國薑

有著比普通生薑更強的香氣，在日本也被稱作南薑。是製作泰式酸辣蝦湯必不可少的重點風味。

魚露

在日本、亞洲各國被廣泛使用，以魚貝類為原料的液狀調味料和魚醬。是泰國知名的風味醬。

泰式辣醬

油炸蝦米、大蒜、大豆等食材後磨碎製成，是類似甜味噌、帶有甘甜味和濃厚香氣的泰式調味醬。在泰國稱作Nam Phrik。

POINT

a

剪掉蝦鬚，並以廚房用剪刀剪去蝦頭，使之流出更多鮮甜蝦汁。

b

用木製刮杓壓碎蝦頭、蝦殼拌炒，留住蝦子的美味精華。

搭配湯品享用
各式飯類大集合

雖說湯和麵包是最為經典的組合，但燉菜和用料豐富的配角湯品，
絕對也是搭配米飯享用的絕佳選擇。
為白飯增添些許調味，再附上各式湯品，便是令人心滿意足的一餐。

＊材料及作法皆為4人份。

搭配湯品必不可少的新式經典，
無論是日、西、中式料理還是咖哩，
都能作出最完美的陪襯。

白芝麻飯

準備剛煮好的白飯約300克，撒上2
大匙白芝麻後混合均勻。

只需混入乾燥的小茴香！
最適合西式、充滿異國風
情的湯品&燉菜。

小茴香飯

準備剛煮好的白飯約300克，
混合1大匙小茴香籽和1小匙橄欖油。

粗粒黑胡椒是愛吃辣的你不可或
缺的調味料。

黑胡椒飯

準備剛煮好的白飯約300克,撒上2小匙
粗粒黑胡椒混勻。

把香噴噴的大蒜橄欖油倒在熱
騰騰的白飯上!

蒜香飯

在鍋內倒入1小匙橄欖油後開火,丟入
約1片大蒜份量的蒜末,以小火炒至上
色為止,最後再拌入約300克的熱騰騰
白飯中。

奶油風味是美味的關鍵!
務必配上西式湯品一同享用。

荷蘭芹奶油飯

準備剛煮好的白飯約300克,混合2大
匙荷蘭芹末和1小匙奶油。

在日本已是人人必吃的米飯！
最適合搭配各式異國湯品和燉煮料理。

泰國香米

將約300克的泰國香米
洗過後，用篩網撈起，
瀝乾水分並倒入電子
鍋的內鍋，再加入約
360毫升的水蒸煮。

泰國香米

無論搭配什麼湯品，都能呈現精緻感！
對身體很好的養生米飯。

十穀飯

將約300克的白米洗過後，用
篩網撈起，瀝乾水分並倒入
電子鍋的內鍋。並依包裝上
的指示混入十穀米蒸煮。

十穀米

想吃多少，就隨興製作吧。
本書中多用於搭配各款冷湯和韓式湯品。

麥香飯

將約300克的白米洗過後，用篩
網撈起，瀝乾水分並倒入電子
鍋的內鍋。依包裝上的指示混
入大麥蒸煮。

大麥

PART 2

吃得到滿滿的蔬菜鮮甜
蔬食濃湯

濃縮了整顆蔬菜精華的滑順濃湯，鮮豔的色調
是其最大特徵。當食材的濃郁原味直接在嘴裡
蔓延，每嘗一口都是令人著迷的美味。無論熱
飲還是冷製，一年四季都能美味享用。煮過一
款便能大致掌握其他種類的烹調訣竅，請試著
用各式蔬菜製作吧！

馬鈴薯冷湯

濃縮了馬鈴薯精華的冷湯

ARRANGE

巴黎・黃昏

將高湯凍加進馬鈴薯冷湯的時髦湯品。
其色調充分展現了漸漸日落的巴黎黃昏美景。

馬鈴薯冷湯

材料【4人份】

馬鈴薯……2～3顆（300克）

韭蔥……7公分

（或洋蔥……½小顆）

雞高湯（或蔬菜高湯）……2.5杯

月桂葉……1片

牛奶……½杯

鮮奶油……¼杯

鹽、胡椒……少許

沙拉油……1.5大匙

🥄 食材 MEMO

韭蔥

蔥家族的一份子，味道、香氣都比青蔥來的醇厚、柔和，甜度也更高。白色部分較粗，綠色部分雖扁平，仍有相當的厚度，呈現V字型。

作法

1 將馬鈴薯、韭蔥切成薄片。

2 開小火熱鍋後倒入沙拉油，慢慢翻炒韭蔥，小心不要炒焦（a），再丟入馬鈴薯拌炒（b）。

3 等馬鈴薯熟透後，加入高湯、月桂葉並轉至中火。待煮滾後把表面雜質撈起（c），接著將火轉小，稍微攪拌過後蓋上鍋蓋（d），燉煮約10分鐘。等馬鈴薯熟透到一壓就碎的軟度後（e），加入少許鹽、胡椒調味，並關火放涼。最後將月桂葉撈起。

★只是做來保存的話，可做到這一步驟即可（請參閱P.54）。

4 將作法3及牛奶倒入調理機拌勻（f），再放入鮮奶油混合均勻。倒入容器中，蓋上保鮮膜並放進冰箱冷卻1小時。

5 攪拌均勻後擺盤，可依個人喜好撒上香葉芹、粗粒白胡椒。或試著加熱做成溫馬鈴薯湯。

巴黎・黃昏

材料【4人份】

馬鈴薯冷湯……上述的份量

〈高湯凍〉

    雞高湯（在室溫下放涼）……1杯

    吉利丁粉……5克

    鹽、胡椒……少許

作法

1 依「馬鈴薯冷湯」作法1～4製作馬鈴薯冷湯。

2 在吉利丁粉內倒入3大匙的水混合攪拌，約15分鐘後，放進微波爐加熱5～6秒，再加入高湯（g）混合均勻。撒上少許鹽、胡椒調味，蓋上保鮮膜並放入冷藏室約1小時等其凝固。

3 用湯匙將作法2敲碎（h），倒入高腳杯中。再將作法1倒入，依個人喜好放上香葉芹點綴。

e

馬鈴薯熟透到一壓就碎的軟度時，
就是關火的時間點。

a

翻炒韭蔥，炒至甜味出來即可。

f

倒入牛奶，用調理機攪拌至質地綿
密滑順為止。

b

拌炒馬鈴薯，炒到熟透為止。

要製作巴黎·黃昏的話

g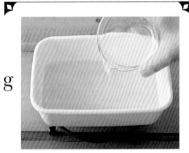

把泡發的吉利丁粉倒入微溫的高湯
中溶解混勻。

c

仔細地將雜質撈起。不過雜質也是
美味的一部分，記得別撈太多。

h

等完全凝固後，用湯匙等餐具適當
地敲碎。

d

別把鍋蓋完全密合蓋上，稍微打開
一點隙縫，讓味道收得更完整。

奶油玉米濃湯

番茄奶油濃湯

蘆筍奶油濃湯

淡淡的咖哩風味，能提引出玉米的甘甜。

奶油玉米濃湯

材料【4人份】

玉米（生）……2根（淨重400克）

（或玉米醬罐頭……1罐〔約400克〕）

洋蔥……¼顆

奶油……20克

雞高湯……2～2.5杯

月桂葉……1片

牛奶……1杯

鮮奶油……¼杯

咖哩粉……適量

鹽……適量

胡椒……少許

作法

1　將洋蔥切成薄片（記得仔細切斷纖維）。再薄切
　　4片裝飾用的玉米圓片，並以鹽水汆燙。用菜刀
　　刮下剩餘玉米的玉米粒。

2　開小火，將奶油放入鍋中融化，並放入洋蔥拌炒
　　至熟透軟嫩為止。

3　加入玉米粒拌炒均勻，接著放入高湯、月桂葉、
　　少許的鹽並轉成中火。蓋上鍋蓋，燉煮至食材熟
　　透後關火，等完全放涼，將月桂葉撈起。

　　★只是做來保存的話，做到這一步驟即可（請參閱p.54）。

4　將作法3倒入調理機攪拌均勻後，再倒回鍋中，
　　開小火並加入牛奶、鮮奶油。撒入少許鹽、胡
　　椒、½小匙咖哩粉調味。

5　裝盤，撒上適量的咖哩粉，並擺上裝飾用玉米圓
　　片。也可放進冰箱製成玉米冷湯。

單純的番茄酸味好爽口！

番茄奶油濃湯

材料【4人份】

番茄（熟透）……2大顆（450克）

洋蔥……½顆

蔬菜高湯……1.5杯

鹽、胡椒……少許

橄欖油……1大匙

作法

1 將洋蔥縱切成一半後薄切（記得仔細切斷纖維）。

2 開小火，倒入橄欖油，放入洋蔥拌炒至熟透軟嫩。

3 去掉番茄蒂頭，切成約10等分的不規則狀，放入作法2中。

4 倒入高湯、鹽、胡椒後轉中火，蓋上鍋蓋並燉煮約20分鐘至番茄熟透軟爛為止。放涼後倒入調理機中攪拌均勻。

★只是做來保存的話，做到這一步驟即可（請參閱p.54）。

5 如果是要做成冷湯，就放進冰箱冷藏；做成熱湯，則再重新加熱。裝盤。若家裡有的話，還可淋上¼杯攪打過的鮮奶油，最後再擺上迷迭香裝飾。

清爽的香氣與柔和的色調，簡直是絕配！

蘆筍奶油濃湯

材料【4人份】

綠蘆筍……3根（350克）

洋蔥……¼顆

馬鈴薯薄片……60克

蔬菜高湯……2.5杯

鮮奶油……½杯

鹽、胡椒……少許

橄欖油……1大匙

作法

1 將洋蔥薄切（記得仔細切斷纖維），削掉綠蘆筍莖部較硬部分的皮，切成薄片後放入熱鹽水中，煮至熟透軟嫩為止（若打算以蘆筍頭裝飾擺盤，可先將其切下，一起汆燙後備用）。

2 取另一個鍋子開小火，倒入橄欖油，並放入洋蔥、馬鈴薯拌炒至上色。加入高湯、鹽、胡椒後轉中火，燉煮至食材熟透軟嫩為止。

3 將蘆筍、放涼的作法2倒入調理機中攪拌均勻。

★只是做來保存的話，做到這一步驟即可（請參閱p.54）。

4 將鮮奶油倒入作法3中。如果是要做成冷湯，就放進冰箱冷藏；做成熱湯，則再重新加熱。裝盤。

綠花椰菜馬鈴薯濃湯

白花椰菜豆漿濃湯

蘑菇濃湯

紅椒馬鈴薯濃湯

少了牛奶和鮮奶油，創造爽口新滋味！

綠花椰菜馬鈴薯濃湯

材料【4人份】

綠花椰菜……1小顆（250克）
洋蔥……½顆
馬鈴薯……1小顆（100克）
蔬菜高湯……2.5杯
鹽、胡椒……少許
橄欖油……適量

作法

1 將綠花椰菜分成小株，並切成大塊，削掉花椰菜莖部較硬部分的皮後薄切。將洋蔥縱切成一半後再薄切（記得仔細切斷纖維）。

2 開小火熱鍋，倒入1大匙橄欖油，放入洋蔥拌炒至熟透軟嫩為止。加入高湯、磨碎的馬鈴薯泥、鹽、胡椒後，蓋上鍋蓋燉煮約8分鐘。放入綠花椰菜，重新蓋上鍋蓋，繼續燉煮約3分鐘。

3 將作法2放涼，倒入調理機中攪拌均勻。

★只是做來保存的話，做到這一步驟即可（請參閱p.54）。

4 如果是要做成冷湯，就放進冰箱冷藏；做成熱湯，則再重新加熱。裝盤，並以繞圈的方式淋上少許橄欖油。還可依個人喜好擺上用鹽水汆燙過的綠花椰菜裝飾。

一起品嘗那熱呼呼的溫潤口感！

白花椰菜豆漿濃湯

材料【4人份】

白花椰菜……1顆（360克）
蔬菜高湯……2杯
豆漿（無論哪種皆可）……1杯
鹽……適量
胡椒……少許

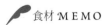食材 MEMO

紅胡椒粒

將胡椒木的種子風乾後的辛香料，特徵是其鮮豔的色澤及香氣。也經常被用作肉類料理的調味料。

作法

1 將白花椰菜切成約小指前端的大小後，削掉花椰菜莖部（削掉厚厚一塊），並切成小塊。煮一鍋滾水，放入白花椰菜、少許鹽，再煮至白花椰菜碎掉軟嫩為止。

2 放涼後，將白花椰菜、煮剩的½杯鹽水、高湯倒入調理機攪拌均勻。

★只是做來保存的話，做到這一步驟即可（請參閱p.54）。

3 將作法2倒回鍋中，轉小火加熱，撒入少許鹽、胡椒調味，再倒入豆漿。冒煙後立即關火。

4 如果是要做成冷湯，就放進冰箱冷藏；做成熱湯，則可再繼續加熱。裝盤，還可依個人喜好撒上紅胡椒粒、香葉芹點綴。

撲鼻的蘑菇香氣令人食指大動。

蘑菇濃湯

材料【4人份】

蘑菇……2袋（180克）
洋蔥（碎末狀）……¼顆
大蒜（碎末狀）……½小匙
奶油……30克
雞高湯……⅔杯
百里香……3～4支
牛奶……1杯
鮮奶油……½杯
鹽、胡椒……少許

請參閱p.10～11
的香草＆香料介紹

百里香

作法

1 將蘑菇根部的堅硬部分切除後，從中心豎切成薄片。

2 開小火，將奶油放入鍋中加熱融化，接著放入大蒜、洋蔥拌炒至熟透上色為止。放入蘑菇，拌炒至蘑菇熟透軟嫩，再加入高湯、百里香。轉中火，煮滾後撈除表面雜質，蓋上鍋蓋後再次轉為小火燉煮約10分鐘。取蘑菇12朵作為裝飾用。

★只是做來保存的話，做到這一步驟即可（請參閱p.54）。

3 倒入牛奶，繼續燉煮約5分鐘，撒入鹽、胡椒調味。放涼後，倒入調理機中攪拌均勻，接著再次倒回鍋中。

4 取一小碗，放入鮮奶油、白蘭地½小匙（若家裡有的話），並用打蛋器攪打至約8分發的程度，最後再倒入作法3中。

5 裝盤，擺上裝飾用蘑菇、百里香點綴。家裡有的話，可再撒上些許肉桂粉。放進冰箱做成冷湯，也很美味。

光看著那鮮豔的紅，就恢復了精神！

紅椒馬鈴薯濃湯

材料【4人份】

甜椒（紅）……2顆（400克）
洋蔥……½顆
馬鈴薯……1顆（120克）
蔬菜高湯……3杯
鮮奶油……¼杯
鹽、胡椒……少許
橄欖油……2大匙
黑橄欖（無籽）……2顆

作法

1 將洋蔥縱切成一半後再薄切（記得仔細切斷纖維）。甜椒去蒂頭、去籽後，切成約2公分的方丁，再把馬鈴薯薄切成片。

2 開小火，倒入橄欖油熱鍋，接著放入甜椒、洋蔥、馬鈴薯拌炒至熟透上色為止。

3 加入高湯、鹽、胡椒後轉成中火，並蓋上鍋蓋，燉煮約15分鐘至食材熟透軟爛為

止。放涼後，倒入調理機攪拌均勻。

★只是做來保存的話，做到這一步驟即可（請參閱p.54）。

4 將鮮奶油倒進作法3混勻。如果是要做成冷湯，就放進冰箱冷藏；做成熱湯，則再重新加熱。裝盤，將黑橄欖切片作為裝飾，最後以繞圈的方式淋上少許橄欖油（額外的材料）。

香烤茄子濃湯

紅蘿蔔濃湯

南瓜濃湯

牛蒡培根濃湯

小茴香與芝麻的組合好新鮮！

紅蘿蔔濃湯

材料【4人份】

紅蘿蔔……2根（340克）

法國麵包……3公分厚度

奶油……30克

蔬菜高湯……2杯

鮮奶油……½杯

鹽、胡椒……少許

小茴香種子、焙煎白芝麻……各2小匙

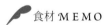
食材 MEMO

請參閱p.10～11
的香草&香料介紹

小茴香種子

作法

1 把紅蘿蔔連皮薄切成圓片。

2 將紅蘿蔔片、奶油、高湯、法國麵包（剝碎）、鹽、胡椒放入鍋中，蓋上鍋蓋後開火。等煮滾後把火轉小，繼續燉煮至紅蘿蔔熟透軟爛為止。關火，等待完全放涼。

★只是做來保存的話，做到這一步驟即可（請參閱p.54）。

3 把作法2、鮮奶油一起倒入調理機中攪拌均勻。如果是要做成冷湯，就放進冰箱冷藏；做成熱湯，則再重新加熱。裝盤，最後再撒上小茴香種子、焙煎白芝麻。

滿滿的烤茄子香氣，無論冷喝或熱飲都風味絕佳。

香烤茄子濃湯

材料【4人份】

茄子……4根

Ⓐ 鹽……少許

　橄欖油……1大匙

　雞高湯……1杯

鮮奶油……¼杯

帕馬森起司（或起司粉）……適量

作法

1 用菜刀在茄子（連皮）表面上縱劃出約5～6個刀痕後，直接置於烤魚網上煎烤。放涼後，去掉茄子的蒂頭與皮。

2 將作法1的茄子切成大塊，並與Ⓐ一起放入調理機中攪拌均勻。

★只是做來保存的話，做到這一步驟即可（請參閱p.54）。

3 將作法2倒回鍋中，加入鮮奶油混勻。如果是要做成冷湯，就放進冰箱冷藏；做成熱湯，則再重新加熱。裝盤，還可依個人喜好擺上帕馬森起司片（薄切）、羅勒（有的話），最後再淋上橄欖油即可。

加了奶油乳酪讓濃醇香更升級！不去南瓜皮也OK！

南瓜濃湯

材料【4人份】

南瓜……⅙顆（320克）

雞高湯……2.5杯

月桂葉……1片

牛奶……1杯

奶油乳酪……40克

鮮奶油……¼杯

鹽、胡椒……適量

作法

1 南瓜去皮和種子，切成約1公分的厚度。奶油乳酪放置於常溫下軟化。

2 將南瓜、月桂葉、高湯放入鍋中燉煮。煮滾後，撈除表面雜質，並蓋上鍋蓋轉小火，繼續燉煮約10分鐘，煮至南瓜熟透軟爛為止。關火後等待完全放涼，接著與月桂葉一起放入調理機中攪拌均勻。

★只是做來保存的話，做到這一步驟即可（請參閱p.54）。

3 將鮮奶油慢慢倒入奶油乳酪中，輕輕攪拌至均勻融化，並撒入少許鹽、胡椒。

4 將作法2倒回鍋中，加入牛奶，再撒入鹽、胡椒調味。如果是要做成冷湯，就放進冰箱冷藏；做成熱湯，則再重新加熱。裝盤，再以繞圈的方式慢慢淋上作法3。還可依個人喜好撒上少許粗粒白胡椒。

帶有淡淡土香、含有豐富膳食纖維的牛蒡濃湯，喝了輕鬆無負擔。

牛蒡培根濃湯

材料【4人份】

牛蒡……1大根（約200克）

洋蔥……½顆

雞高湯（或蔬菜高湯）……2.5杯

月桂葉……1片

牛奶、鮮奶油……各⅔杯

培根……2片

鹽、胡椒……少許

太白胡麻油（或沙拉油）……2大匙

譯註：太白胡麻油是用未烘焙的生芝麻壓榨而成。

粗粒黑胡椒……少許

作法

1 把培根切成約1公分寬，取一平底鍋煎至表面焦香酥脆。

2 牛蒡削皮，並切成約5公釐的厚度。洋蔥縱切成一半後再薄切（記得仔細切斷纖維）。

3 開小火，倒入胡麻油熱鍋，放入牛蒡、洋蔥拌炒。等洋蔥熟透上色後，倒入高湯、月桂葉再轉為中火，蓋上鍋蓋。待煮滾後，轉成小火繼續燉煮約30分鐘（常常打開鍋蓋，撈除表面雜質）。將牛蒡煮至熟透軟嫩後關火，等待完全放涼，與月桂葉一起加進調理機中攪拌均勻。

★只是做來保存的話，做到這一步驟即可（請參閱p.54）。

4 將作法3倒回鍋中，加入牛奶、鮮奶油，撒入鹽、胡椒調味。裝盤，撒上培根、黑胡椒點綴。也可放進冰箱冷藏做成冷湯。

如何保存濃湯

就算提前製作濃湯,也能夠維持美味。前一晚就先做好隔日的早餐濃湯吧!
如果把滿是食材的湯品拿去冷凍,解凍後的口感和風味都會變差。
不過經過調理機攪拌的濃湯,無論是在冷藏還是冷凍過後,都能將美味重現。

保存方法

多數的濃湯是加了牛奶及鮮奶油烹調而成。雖然說牛奶和鮮奶油並非無法冷藏或冷凍,但卻是容易減損風味的食材。建議可在加入牛奶和鮮奶油前就先拿去冷藏或冷凍。另外,保存時記得要好好隔絕空氣,以免酸化。推薦各位可使用密閉式的保存容器或保鮮袋。

＊放進保存容器
把濃湯倒進保存容器中,蓋上保鮮膜隔絕空氣後再蓋上蓋子。湯品剛煮好時,可連同容器放在網子上散熱放涼。

保存時間長短

冷藏……3、4天
冷凍……2週

＊放進保鮮袋
把濃湯放涼後,倒進保鮮袋內保存,盡可能把袋中的空氣擠出後封口。拿去冷凍時,擺放在調理盤上便能更快結凍。

喝的時候

在冷凍的情況下,可放進冰箱的冷藏室內解凍。解凍過後,便能依照各食譜的步驟加入牛奶及鮮奶油,一步步完成各款濃湯來享用。冷藏保存的湯品也請用同樣的步驟來製作。

便於平日製作,也可在假日一次大量完成!

PART 3

好想配飯吃！幸福滿點的一道
配角好湯

加了大量肉或魚、蔬菜，用料飽滿的「能吃的湯」，無需其他配菜便能豐富你我的餐桌。搭配飯類或麵包，飽足感十足且營養滿分，燉煮與整理起來既方便又簡單。對於那些「即使再忙，都想品嘗自製健康料理」的人來說，配角好湯絕對是最佳良伴。

將五花肉塊燉煮到軟嫩入味，
比義大利蔬菜湯更有嚼勁的番茄湯。

義式豬肉白腰豆湯

材料【4人份】

水煮白腰豆罐頭……1罐（淨重240克）

豬五花肉塊……350克

番茄……1大顆（170克）

洋蔥……½顆

西芹、紅蘿蔔……各½根

大蒜……½瓣

月桂葉……1片

鹽……2小匙

橄欖油……3大匙

作法

1 在豬肉塊上撒上少許鹽（a），放入調理盤或容器中蓋上保鮮膜，置於常溫下約15～30分鐘。

2 將洋蔥、西芹、紅蘿蔔切成碎末，大蒜對切，去掉蒜芯，再切成碎末。番茄則切成大塊狀。

3 開小火，將橄欖油、大蒜倒入鍋中，待香味出來後，放入洋蔥、西芹、紅蘿蔔，拌炒約20分鐘至醬汁呈濃稠狀。

4 用流動的水洗掉豬肉塊上的鹽，擦乾水分後，切成約1公分厚度。

5 在平底鍋中倒入橄欖油（不須使油均勻分布鍋底）加熱，放入豬肉塊並將兩面煎成略微焦黃狀（不用完全熟透也沒關係）。

6 將作法3倒入作法5中，放入2.5杯水、月桂葉。開中火燉煮，煮滾後撈除雜質，轉至小火並蓋上鍋蓋，燉煮約20分鐘至豬肉軟嫩入味為止。最後加入白腰豆及罐頭內的豆湯、番茄塊，燉煮約20分鐘。

7 裝盤。若家裡有的話，也可用義大利扁葉香芹裝飾擺盤。

食材 MEMO

水煮白腰豆

高蛋白、低脂肪的豆類，是世界各國作為主食或攝取蛋白質的來源。在義大利、法國常被用來製作燉熬料理。

POINT

a

在豬肉塊上撒上少許鹽，用手適度抓捏以幫助吸收，或者放進冰箱裡醃漬一晚也可以。

適合搭配的米飯是
白芝麻飯（請參閱 p.34）

同時加了豬絞肉與餛飩皮，卻不包在一起的餛飩新風格。
參考了中國四川省的經典擔擔麵，試著做成了可口的擔擔湯。

擔擔湯

材料【4人份】

豬絞肉……200克
小白菜……2支
豆芽菜……1包（200克）
餛飩皮……8片
大蒜（碎末狀）……1小匙
青蔥（碎末狀）……3大匙
榨菜（碎末狀）……30克
蝦米（碎末狀）……10克
中式高湯……5杯
Ⓐ 醬油……1大匙
　白芝麻醬……4大匙
　砂糖……1小匙
　白芝麻（磨碎）……2大匙
　粗粒黑胡椒……¼小匙
　辣油……2小匙
醋……1小匙
太白胡麻油……2小匙

作法

1　將豆芽菜去根，小白菜縱切成4等分
　　後，分別用鹽水汆燙。將每片餛飩皮
　　切成約9等分。

2　倒入胡麻油熱鍋，放入豬絞肉拌炒至
　　均勻上色、出油為止，並用篩網過濾
　　掉過多的油脂。

3　稍微擦拭作法2的鍋子後開小火，放
　　入大蒜末、青蔥末拌炒。等香味出來，
　　將作法2倒回鍋中，並加入高湯、榨菜
　　末、蝦米末，轉成中火。煮滾後，繼續
　　燉煮約5分鐘。

4　加入Ⓐ，再把餛飩皮快速地一片片放
　　入。待餛飩皮熟透後，關火並以繞圈
　　的方式淋上醋。

5　裝盤，擺上事先備好的小白菜、豆芽
　　菜裝飾。

醇厚滑順的湯頭，與白飯絕配。

食材MEMO

榨菜

源自中國的醃漬品。雖說在
日本最常見的是切成薄片或
細絲的瓶裝榨菜，但用整顆
榨菜來製作會更美味。

能夠愉悅品嘗到大量菇類！
豆漿基底搭配小茴香的稍辣風味。

綜合菇豆漿濃湯

材料【4人份】

香菇……4朵

舞菇、鴻喜菇……各1包

大蒜（碎末狀）……¼小匙

小茴香種子……1小匙

白酒……2大匙

蔬菜高湯……2.5杯

月桂葉……1片

豆漿（無論哪種皆可）……1杯

鹽、胡椒……少許

太白胡麻油……1大匙

譯註：太白胡麻油是用未烘焙的生芝麻壓榨而成。

請參閱p.10～11
的香草＆香料介紹

小茴香種子

作法

1 將香菇的根部切除後，再切對半，鴻喜菇去掉根部後，跟舞菇一起切成一口大小（a）。

2 開小火熱鍋，倒入胡麻油、大蒜末拌炒。等香味出來後，轉成中火，並放入作法1的食材、小茴香種子拌炒。

3 所有食材拌炒均勻後，倒入白酒。煮至表面稍微冒泡，加入高湯、月桂葉。煮滾後轉為小火，一邊撈除表面雜質，一邊繼續燉煮約15分鐘。撒入鹽、胡椒調味，最後倒入豆漿燉煮約1分鐘即可。

4 裝盤，家裡有的話，還可撒上些許洋茴香裝飾。

POINT

a

也可只使用1種菇類來製作，不過多加幾種菇類熬製，會讓湯頭更有深度。

適合搭配的米飯是蒜香飯（請參閱p.35）

在西班牙文中，Ajo是大蒜的意思。
這是西班牙卡斯提亞地區的人氣湯品。

西班牙番茄香蒜湯

材料【4人份】

大蒜……1株（淨重80克）

生火腿（或培根）……40克

番茄……1顆

法國麵包……2片（40克）

雞蛋……4顆

雞高湯（或蔬菜高湯）……4杯

Ⓐ 辣椒粉、鹽……各1小匙

　　紅椒粉……½小匙

鹽、胡椒……少許

橄欖油……2大匙

粗粒黑胡椒……少許

作法

1 大蒜剝開後一片片對切，去掉蒜芯，並薄切成小塊。生火腿、法國麵包切成約1公分方丁，番茄則切成大塊備用。

2 開小火熱鍋，加入橄欖油、大蒜慢慢拌炒。等香味出來後，加入生火腿丁、法國麵包丁、高湯、番茄塊、Ⓐ並轉為中火。煮滾時，撈除表面雜質，蓋上鍋蓋後，轉成小火繼續燉煮約20分鐘。

3 用打蛋器將作法2攪打均勻（攪打至法國麵包碎開且充分吸收湯汁的程度），並撒入鹽、胡椒調味。

4 取另一個鍋子煮滾水，倒入少許醋（額外的材料），敲開蛋殼後放入全蛋，製作4顆水波蛋。依照個人喜好決定熟度後，關火撈起。

5 將作法3裝盤，最後再擺上水波蛋。有的話，還可撒上荷蘭芹末、粗粒黑胡椒。

🖊 食材MEMO

請參閱p.10～11
的香草&香料介紹

Chili Powder

五香辣椒粉

適合搭配的米飯是小茴香飯（請參閱p.34）

以市售的綠咖哩醬為基底，加入箭葉橙葉片一起燉煮，
即是道道地地的泰式綠咖哩！

泰式綠咖哩湯

材料【4人份】

帶頭鮮蝦……8隻

鴻喜菇……8朵

茄子……2根

甜椒（黃）……1顆

小番茄……8顆

竹筍（水煮）……150克

太白胡麻油……2大匙

譯註：太白胡麻油是用未烘焙的生芝麻壓榨而成。

綠咖哩醬（市售）……1袋（50克）

Ⓐ 椰奶……2杯

水……1.5杯

魚露……1大匙

砂糖……1大匙

箭葉橙葉片（有的話）……2片

作法

1 蝦子去除腸泥後，用鹽水汆燙。

2 鴻喜菇根部切除，小番茄去掉蒂頭。把茄子切成
約1公分厚的圓片，甜椒切成不規則狀，竹筍則
切成方便食用的大小（半圓片狀）。

3 倒入胡麻油熱鍋後，放入茄子煎烤，再倒入綠咖
哩醬快速拌炒，要留意別讓醬汁燒焦了。等香味
出來後，加入Ⓐ、剩下的蔬菜，燉煮約20分鐘。
接著放入蝦子快速地煮一下即可。

4 裝盤，家裡有的話，還可擺上羅勒葉點綴。

🖋食材MEMO

椰奶

將打碎的椰子果肉
加水熬煮、過濾而
成的香甜乳狀食品
調味料。

箭葉橙葉片

自泰國原產的柑橘
類，果實為綠色，
其香味濃厚的葉片
多用來製作燉熬料
理。在泰國被稱作
Bai Makrut。

魚露

在日本、亞洲各國
被廣泛使用，以魚
貝類為原料的液狀
調味料、魚醬。

綠咖哩醬

加了泰國薑、檸檬
草、小茴香等各種
製作綠咖哩不可或
缺香料的醬汁。

適合搭配的米飯是
泰國香米（請參閱
P.36）

鮮美的維也納香腸配上甘甜的高麗菜，
是道以番茄為基底、風味溫醇的可口湯品。

高麗菜香腸番茄湯

材料【4人份】

高麗菜……⅛顆

維也納香腸（依個人喜好選擇）
　　……12根（400克）

＊照片中使用了白香腸4根（160克）、
維也納香腸8根（240克）。

洋蔥……½顆

番茄罐頭……½罐（200克）

雞高湯……1.5杯

月桂葉……1片

小茴香種子……2小匙

鹽、胡椒……少許

橄欖油……1大匙

作法

1 在香腸表面劃3刀，高麗菜、洋蔥切成4等分的半圓形。

2 取一個鍋子開火，倒入¼匙橄欖油熱鍋，放入香腸翻烤，煎至上色後取出。

3 再倒入剩下橄欖油中的一半份量，將高麗菜煎至兩面皆上色後取出。

4 倒入剩餘的橄欖油，放入洋蔥後拌炒至呈焦黃色為止。

5 將作法2、3放回鍋中（a），加入高湯、番茄塊（邊用手捏碎）、月桂葉、小茴香種子。煮滾後，撈除表面雜質，並蓋上鍋蓋，轉小火燉煮約15分鐘。最後再撒入鹽、胡椒調味。

食材 MEMO

參閱 p.10～11 的
香草＆香料介紹

小茴香種子　　**月桂葉**

適合搭配的米飯
是荷蘭芹奶油飯
（請參閱 p.35）

POINT

a

有經過煎烤步驟的香腸、高麗菜和
洋蔥，燉煮過後風味會更佳。

口感軟嫩的豬肉丸
在清爽滑順的清湯中泡澡。

中式豬肉丸清湯

材料【4人份】
豬絞肉（紅肉）
　……200克
鹽漬海帶芽（泡水還原後）
　……50克
A 西芹（切成小塊）
　　……½根（70克）
　鹽……½小匙
　芝麻油……1大匙
　紹興酒（或酒）
　　……2小匙

B 香菜（碎末狀）……1株
　蝦米（小塊）……1大匙
　青蔥（碎末狀）、生薑
　（碎末狀）……各1大匙
　中式高湯……4杯
C 紹興酒（或酒）……1大匙
　醋……2小匙
　太白胡麻油……4小匙
　譯註：太白胡麻油是用未烘焙的生
　芝麻壓榨而成。
　鹽、胡椒……少許

作法

1 將海帶芽切成小片，瀝乾水分。

2 將豬絞肉放入碗中，混合Ⓐ、¼杯水，再用手攪拌均勻。

3 再將海帶芽、Ⓑ放入作法2的碗中混勻，分成4等分後捏成
圓球狀。

4 把Ⓒ倒入鍋中後開火，煮至表面稍微冒泡為止。慢慢放入
作法3的肉丸並將火轉小，稍微攪動並蓋上鍋蓋，繼續燉
煮約15分鐘。燉煮過程中，記得上下翻動肉丸，才能完
全熟透。

蝦米會帶出鮮甜湯汁和鹽分，
調味時記得別加太多鹽！

干貝冬粉羹湯

材料【4人份】

干貝罐頭
    ……1罐（70克）

冬粉……60克

蝦米……5克

青蔥……8公分

紅甜椒、青椒
    ……各1顆

中式高湯……5杯

酒……¼匙

鹽、胡椒……少許

作法

1 將冬粉泡進大量水中還原（a），並切成約4～5公分的長度。蝦米切成小塊狀，青蔥、甜椒、青椒則切成約4公分長的細絲。

2 取一個鍋子，倒入高湯、酒、蝦米，將連著的干貝分離後，跟罐頭湯汁一起倒入鍋中再開火。等煮滾後，放入冬粉並轉為小火。撒入鹽、胡椒調味後，繼續燉煮約5分鐘。

3 加入甜椒、青椒、青蔥，燉煮約2～3分鐘至食材皆熟透為止。

POINT

a

只要用橡皮筋綁住冬粉的一端，拿去泡水還原後便不會分散了。

宮崎縣的鄉土料理「味噌冷湯拌飯」，
是宮崎人親授、十分道地的家常菜。

濃厚風味是其最大的魅
力。冰塊融化時就是品
嘗美味的好時機。

宮崎風味噌冷湯拌飯

材料【4人份】

竹筴魚乾……2條（160～200克）
青蔥（薄圓片）……15公分的量
木綿豆腐……½塊（150克）
小黃瓜……1根
蘘荷……2顆
紫蘇……5片
花生（切碎）……2大匙
＊下酒小菜用的口味即可。

味噌……5大匙
白芝麻（磨碎）……3大匙
冰塊（一般大小）……20塊
麥香飯……適量

作法

1 取一氟素樹脂加工製的平底
鍋煎烤竹筴魚乾。倒入4杯
水，煮滾後轉為較弱的中
火，繼續燉煮約7～8分鐘。
接著用篩網過濾湯汁並倒入
碗中，將竹筴魚去皮、去
骨，並將魚肉剝散放入（剝
開魚肉後，用研磨缽磨過，
湯頭會更加滑順）。

2 取作法1的平底鍋，開較弱的
中火拌炒青蔥至熟透軟嫩
後，加入味噌，炒至快燒焦

前關火。倒入作法1的湯汁，
煮滾後直接擺著散熱。

3 把小黃瓜、蘘荷薄切成圓
片，紫蘇則切成細絲。

4 邊用手捏碎豆腐邊加進作法
2，再放入花生、白芝麻、冰
塊。最後在麥香飯上擺上小
黃瓜片、蘘荷片、紫蘇，再
倒入湯汁一起享用。

＊照片中的米飯為麥香飯。

以碎沙丁魚與味噌製成的大顆魚丸，有讓人融化的迷人口感。
也很適合用竹筴魚、阿拉斯加鱈魚來製作。

日式沙丁魚丸湯

材料【4人份】

沙丁魚……6〜8條（淨重400克）
＊用不新鮮的生沙丁魚製作反而更好吃！

Ⓐ 味噌、酒……各1大匙
　生薑（磨碎）……2小匙
　太白粉……1大匙
牛蒡……½根
舞菇……1袋
Ⓑ 和風高湯……2.5杯
　酒……3大匙
　鹽……少許
生薑汁……1小匙
青蔥（白色部分）……¼根

作法

1 沙丁魚去掉魚頭、內臟，再剖切成左身、右身、中間魚骨排共三部分後去皮（也可請魚店幫忙處理），並用菜刀拍打魚肉。處理完後放入碗中，加入Ⓐ混合均勻。

2 牛蒡削皮後，斜削成竹葉似的薄片狀。舞菇切成能入口的大小，青蔥則切成細絲。

3 取一個鍋子，倒入Ⓑ後開火，煮滾後，放入牛蒡、舞菇，並用湯匙將作法1挖成橄欖球狀後慢慢放入鍋中。

4 留意別讓湯頭滾太久，邊舀取湯汁倒在魚丸上，邊繼續燉煮約7〜8分鐘。關火後，以繞圈的方式倒入生薑汁。

5 裝盤，擺上青蔥絲裝飾。還可依個人喜好撒上些許七味辣椒粉。

適合搭配的米飯
是十穀飯（請參
閱p.36）

鯛魚魚雜會流出特別美味的湯汁！
別忘了再加點香草，讓風味倍增。

西式鯛魚雜煮

材料【4人份】

鯛魚魚雜（頭、背骨）……2條（共600克）

番茄乾（油漬）……1片

Ⓐ 白酒……¼杯

百里香……4～5支

月桂葉……1片

橄欖（黑、綠）……各4顆

鹽、胡椒……適量

橄欖油……4小匙

作法

1 取一個鍋子，倒入大量水並煮滾，放入鯛魚魚雜
汆燙。等魚雜顏色全轉白後拿出（a），用流動
的水快速沖洗血和肉，洗淨後擦乾水分。

2 將番茄乾切成約5公釐的方丁。

3 將作法1放進鍋中，倒入5杯水、Ⓐ後開火。煮滾
後，撈除表面雜質並轉為小火，加入作法2的番
茄丁燉煮約5分鐘。

4 裝盤，並以繞圈的方式淋上橄欖油。

撒入少許黑胡椒，再
擠入幾滴檸檬汁就很
好吃。適合搭配的米
飯是黑胡椒飯（請參
閱p.35）。

食材MEMO

鯛魚魚雜

所謂的魚雜，就是剖
切生魚片後剩餘的魚
頭、魚骨等部位。若
拿來燉煮料理會產生
非常可口的湯汁。相
較於魚肉，價格十分
便宜。

番茄乾

將撒了鹽的番茄曝
曬於陽光下，再以
橄欖油醃漬而成。
比普通的番茄味道
更濃厚。

請參閱p.10～11
的香草＆香料介紹

百里香　　**月桂葉**

POINT

a

將魚雜汆燙後，便能去掉腥味。

源自韓國的家常料理泡菜鍋（＝鍋料理），
綜合同為發酵食品的泡菜和納豆是我自創的料理新風格！

泡菜納豆鍋

材料【4人份】

白菜泡菜……250克

納豆……2袋（80克）

＊建議可選用大顆的納豆！

木綿豆腐……½塊（150克）

豬五花肉片……200克

韭菜……½把

青蔥……½根

茼蒿……½把

中式高湯……3.5杯

Ⓐ 泡菜汁……1大匙

　韓式辣椒粉……1小匙

　酒……1大匙

　砂糖……1小匙

　蝦醬（有的話）……1小匙

＊加入蝦醬能讓湯頭風味更濃郁

作法

1 把泡菜切成1公分的方形，豆腐則切成
4等分。豬肉片、韭菜切成約3公分的
長度。摘下茼蒿葉，茼蒿莖則切對
半，並將青蔥斜切。

2 取一鍋加入高湯、泡菜、豬肉後開
火。煮滾後轉成小火，豆腐、納豆、
韭菜、青蔥、Ⓐ 並燉煮約15分鐘。

3 等豬肉片變色後，最後再丟入茼蒿稍
微燙一下即可。

越南料理中經常使用的魚醬，在這裡以泰國魚露代替！
可依個人喜好搭配大量香菜！

越南風蛤蜊西洋菜湯

材料【4人份】

蛤蜊（已吐過沙的）……350克
西洋菜（或小松菜、西芹）……2把
中式高湯……4杯
酒……2大匙
Ⓐ 魚露……2小匙
　　鹽、胡椒……少許
　　芝麻油……2小匙
　　紅辣椒……1根
檸檬……½顆
香菜（依個人喜好添加）……適量

作法

1 把西洋菜、香菜切成大片狀，紅辣椒去籽後薄切。再將檸檬切成半圓片狀。

2 將蛤蜊、高湯、酒倒入鍋中開火。煮滾後，撈去表面雜質，並轉為小火繼續燉煮約10分鐘。

3 等蛤蜊煮開後，加入Ⓐ，最後再丟入西洋菜稍微燙一下即可。

4 裝盤，擺上檸檬、香菜搭配食用。

✒ 食材MEMO

魚露
在日本、亞洲各國被廣泛使用，以魚貝類為原料的液狀調味料&魚醬。

用入口即化的冬瓜與生薑，
燉煮出溫胃又暖身的美味。

雞肉冬瓜薑湯

材料【4人份】

帶骨雞腿肉（火鍋用）……500克

冬瓜……大塊的 ⅛ 塊（淨重200克）

酒……少許

Ⓐ 中式高湯……4杯

　生薑（薄切）……3片

　薄口醬油……2小匙

　鹽……½小匙

　胡椒……少許

作法

1 將冬瓜削皮（削掉厚厚一層），去籽後切成約3
公分的方丁（a）。取一個鍋子，倒入大量水並
煮滾，加入酒、冬瓜，燉煮約7～8分鐘。接著用
篩網過濾後放冷備用。

2 煮大量滾水，並把雞腿肉放入汆燙（b），去除
腥味及多餘的油脂。

3 快速沖洗鍋子，加入作法1、作法2、Ⓐ後開火。
煮至表面稍微冒泡後，撈除雜質並轉為小火，再
蓋上鍋蓋繼續燉煮約20分鐘。

4 裝盤。可依個人喜好以繞圈的方式淋上芝麻油，
並擺上少許酸橙片。

食材 **MEMO**

冬瓜

夏季採收，卻可存
放到冬季而得名。
口味清淡，常出現
在燉菜、燉湯及醃
漬料理中。

POINT

a

將冬瓜的厚皮去除，味道更溫和。

b

藉由汆燙雞腿肉來去除腥味。

好想搭配湯品&燉菜
解饞副食介紹

光是配著吃，就讓湯品和燉菜更添美味，還有滿滿的飽足感，
一端上桌便洋溢著華麗氛圍。
放入麵包、蘇打餅一起品嘗，或沾著吃享受那酥脆的口感……
無論哪種吃法都令人欲罷不能！

麵包

用法國麵包或德國麵包等喜歡的款式來
搭配吧。變硬的麵包可以切成小塊拿去
烤箱烤得酥脆，或做成麵包丁。

最近幾年，連超市也開始
販售冷藏或冷凍的烤餅。
可隨興搭配咖哩或印度風
湯品食用。

烤餅

作法請參
閱 p.130

馬鈴薯泥

滑順的馬鈴薯泥與燉肉是最佳組合！加上與
酒類完美契合，是拿來宴客的好選擇。

有蘇打餅或麵包杖
的話，不管是嘴饞時
的湯品良伴，還是當
作款待佳餚都非常
方便好配。

蘇打餅

PART 4

客人來訪時的精緻湯品
款待好湯

想為特別的人自製料理時，想享用格外好吃的
餐點時，需要費點工燉煮的款待湯品即是你的
最佳夥伴。其美味關鍵就是，比平常多花一點
點時間，挑戰用香草與香料烹調，提引出食材
的原汁原味！這就是色香味俱佳的款待好湯。

濃縮了甜蝦、蔬菜鮮味及營養的濃郁湯品！
烹調時，多使用手動食物研磨機（Moulin a legume，Moulin在法文裡有「風車」的意思），
不過在家裡以濾網製作也OK。

法式鮮蝦濃湯

材料【5～6人份，較易製作的份量】

帶頭鮮蝦……8隻（380克）

Ⓐ 洋蔥（碎末狀）……½顆

　紅蘿蔔（薄切）……¼根

　西芹（薄切）……⅓根

　大蒜（碎末狀）……1片

洋蔥……½顆

番茄糊……2小匙

白蘭地……2大匙

鮮奶油……¼杯

奶油……2小匙

鹽……½小匙

胡椒……少許

太白胡麻油（或沙拉油）……4大匙

譯註：太白胡麻油是用未烘焙的生芝麻壓榨而成。

食材MEMO

番茄糊

用濾網過篩番茄果肉後的糊狀番茄。加進湯頭或燉菜中，便能增添料理的醇厚風味。

a

把蝦頭剪成2～3等分，更能引出蝦子的精華，美味升級。

b

用木製刮杓按壓、拌炒蝦頭與蝦殼，等蝦汁流出後，再倒入白蘭地。

c

過濾食材的器具「Moulin」。在家裡用濾網製作即可。

d

濃縮了鮮蝦精華的濃湯，與嫩甜的洋蔥搭配得宜。

作法

1 將洋蔥縱切成一半後再薄切（記得仔細切斷纖維）。

2 開小火，把2大匙胡麻油、Ⓐ倒入鍋中，拌炒約20分鐘至醬汁呈濃稠狀為止。

3 洗淨蝦子後瀝乾水分，用剪刀將蝦腳、蝦鬚、蝦頭剪下，再把蝦頭剪成2～3等分（a）。去掉腸泥後，蓋上保鮮膜，放進冰箱冷藏（記得要留下蝦殼、蝦頭）。

4 開火，在鍋中倒入1大匙胡麻油，放入蝦殼、蝦頭，並以木製刮杓大力翻炒。在蝦子顏色轉紅、鍋中醬汁幾乎收乾前，記得不停地用刮杓翻攪，小心別讓食材燒焦了。

5 加入番茄糊並快速翻炒，接著再倒入白蘭地（b）。待煮滾後，把4杯水、作法2加進鍋中。等再次煮沸後，撈起表面雜質，稍微拌炒一下並蓋上鍋蓋，用小火燉煮約20～30分鐘。

6 以手動食物研磨機或濾網，擠壓作法5的材料過濾出湯底（c）。

7 沖洗鍋子後重新開火，加入1大匙胡麻油，再放入作法1的洋蔥，用小火拌炒至熟透軟嫩為止。接著倒入作法6的湯底（d），並轉成中火燉煮。待煮滾後，放入蝦身煮約4～5分鐘，撒入少許鹽、胡椒調味，最後倒入鮮奶油、奶油並混合均勻。

8 裝盤，可依個人喜好以洋茴香裝飾點綴。

雖然看起來難度很高，但其實只要把糯米塞進雞裡慢慢燉煮即可！
即使買下整隻雞來料理，也比想像中便宜了許多。

人蔘雞湯

材料【4人份】

小型全雞（已去內臟）……1隻（約1.2公斤）

糯米……4大匙

大蒜……2瓣

紅棗（乾燥）……6顆（20克）

乾香菇……4朵

松子、枸杞……各1大匙

砂糖……1撮

鹽……1.5小匙

胡椒……少許

作法

1 將糯米置於大量水中，浸泡約1小時以上。乾香菇泡進加了砂糖的溫水中還原，切除根部並從中心豎切成4等分。洗淨全雞中間部分，將大蒜對切後再去掉蒜芯。

2 仔細瀝乾糯米的水分，再將糯米、松子、枸杞塞入全雞中（a），將雞皮封起並用牙籤固定。

3 取一個深鍋，加入作法2的材料、5杯水、大蒜、紅棗、香菇、鹽、胡椒後開火。煮滾後轉為小火，並蓋上鍋蓋繼續燉煮約2小時。記得經常打開鍋蓋撈除表面雜質。

＊若使用壓力鍋烹煮，則需加壓30分鐘。

若用壓力鍋來料理，只須燉煮約¼的時間，雞肉就會變得相當軟嫩。

食材MEMO

紅棗

中國原產的果實，帶有如杏桃般的甜味與酸味。可在販售中式料理食材的區域買到。

松子

松樹的種子，是亞洲、歐洲等世界各國料理中會出現的食材，也經常用於韓國料理。

枸杞

為鮮豔的紅色，常運用於各種中式料理。是有降血壓、血糖功效的果實。

POINT

a

糯米一加熱後就會膨脹，記得只需塞約8分滿即可。

鮭魚菠菜奶油濃湯

ARRANGE

鮭魚菠菜鹹派

雖說鮭魚菠菜奶油濃湯已是宴客良伴，但只要再多放一塊冷凍派皮上去，質感頓時又更上一層樓。這道鋪上派皮烘烤的豪華湯品，請趁熱享用！

材料【4人份】

生鮭魚……2塊（200克）

菠菜……4把（160克）

洋蔥……½顆

大蒜（碎末狀）……½片

蛋黃……1顆

奶油……1大匙

蔬菜高湯……3杯

咖哩粉……2小匙

鮮奶油……½杯

太白粉……2大匙

鹽、胡椒……適量

太白胡麻油（或沙拉油）……2小匙

譯註：太白胡麻油是用未烘焙的生芝麻壓榨而成。

冷凍派皮（市售，23公分寬四方形）……1片（120克）

手粉……少許

戳破酥脆的派皮，一起搭配著吃。

作法

1 將洋蔥切成1公分方丁。用鹽水汆燙菠菜，切掉菠菜的根部後，平均切成約2公分長，並仔細瀝乾水分。鮭魚去皮後，切成約2公分寬的四方形，再撒上少許鹽、胡椒。用胡麻油熱鍋，並放入鮭魚煎烤至兩面上色後取出。

2 在作法1的鍋子中放入奶油、大蒜後開小火，待香味出來後，放入洋蔥拌炒至熟透軟嫩為止。

3 加入鮭魚、高湯、咖哩粉並轉為中火燉煮。等煮滾後，以繞圈的方式淋上太白粉水（用2大匙水溶解太白粉）來增添濃稠度。倒入鮮奶油並繼續燉煮約5～6分鐘，再撒入鹽、胡椒調味。最後放入菠菜，燉煮約1分鐘後關火。

4 若要繼續做成鹹派，則將手粉撒在呈半解凍狀態的派皮上，把派皮切割成比容器口稍微大1圈的大小（a），放在冷藏室中備用。將蛋黃與½小匙的水攪打成蛋黃液。

5 把做好的濃湯倒進耐熱容器中，在容器邊緣塗上少許水後，迅速鋪上作法4的派皮，並在派皮表面塗抹蛋黃液。最後放進預熱至200℃的烤箱中，烘烤約7～8分鐘至上色為止。

POINT

a

鋪平派皮後把容器反方向蓋上，沿著邊緣切成比容器口還大的尺寸。

食材MEMO

冷凍派皮

解凍後就能馬上使用的派皮，不須花時間自製，非常方便好用。

這是從小吃到大的，媽媽的味道。
糯米粉製的丸子皮做起來十分簡單，其軟Q的口感是至高的美味。

上海風味糯米肉丸湯

材料【4人份】

糯米粉……130克

〈肉丸子（16顆）〉

: 豬絞肉……100克

: 青蔥（碎末狀）……2大匙

: 乾香菇……1朵

: 蓮藕（碎末狀）……50克

: 蝦米（碎末狀）……5克

: 生薑（碎末狀）……1大匙

〈湯頭〉

: Ⓐ中式高湯……3¼杯

: | 乾香菇的還原汁……½杯

: | 鹽、胡椒……少許

: 薄口醬油……1～2小匙

: 鹽、胡椒……少許

砂糖……1撮

香菜……1把

青蔥……½根

芝麻油……4小匙

POINT

a

用手將麵團搓揉成圓球狀，並按壓成片狀。把肉丸子餡包入麵團中，再封口搓圓。

作法

1 把乾香菇泡進含砂糖的溫水中還原，切除根部再切成香菇末。另取½杯香菇的還原汁備用（不夠就用中式高湯代替）。香菜切成好入口的大小，青蔥則斜切成薄片。

2 糯米粉與相同份量的水混合，揉製成約與耳垂相仿的軟度。蓋上保鮮膜，靜置約15分鐘。

3 將肉丸子的材料放進碗中混合揉製均勻，分成16等分。將作法2分成16等分，包入肉丸子餡（a）。

4 把Ⓐ倒入鍋中開火，等鍋子轉熱後，慢慢放入作法3燉煮約10分鐘。隨時留意火候，小心別讓水煮滾了，最後撒入鹽、胡椒調味。

5 裝盤，擺上青蔥、香菜，再以繞圈的方式淋上芝麻油。

以慢火燉熬雞肉與蕪菁的溫潤湯品，
請盡情享用充滿了濃郁甜椒味的匈牙利風情！

匈牙利風蕪菁雞肉湯

材料【4人份】

雞腿……8隻

洋蔥……½顆

蕪菁……4小顆

甜椒（紅、黃）……各½顆

紅蘿蔔……½根

西芹……1根

小番茄……16顆

大蒜……2瓣

月桂葉……2片

白酒……½杯

雞高湯……2.5杯

Ⓐ 紅椒粉……2小匙

　藏茴香種子（有的話）……1小匙

　卡宴辣椒粉

　（有的話，或純辣椒粉）……少許

鹽……½小匙

胡椒……少許

橄欖油……2大匙

洋茴香（粗末狀）……2大匙

作法

1 將洋蔥切成約1公分厚的半圓片狀，紅蘿蔔切成約5公釐厚的圓片。仔細洗淨蕪菁莖部的泥沙後，保留葉片並縱切成一半。西芹、甜椒切成約1.5公分的方形，小番茄去蒂頭，大蒜對切後去掉蒜芯。

2 沿著雞骨將雞腿肉表面劃出幾道刀痕。

3 開火，倒入½大匙橄欖油熱鍋，放入雞腿肉並將兩面煎至焦黃後取出（即使中間沒有熟透，只要表面上色了就OK）。

4 擦拭鍋子，倒入剩下的橄欖油後開小火熱鍋，放入大蒜炒至香味出來為止。放入洋蔥，拌炒至熟透軟嫩後，加入蕪菁、小番茄以外的蔬菜，並拌炒均勻。

5 將雞腿肉放回鍋中，倒入白酒後轉為中火。煮滾後加入高湯、月桂葉並轉成大火。等再次煮滾後轉小火，一邊撈除表面雜質，一邊燉煮約20分鐘至食材熟透軟爛為止。

6 撒入鹽、胡椒調味，接著加入小番茄、蕪菁、Ⓐ，繼續燉煮約10分鐘至所有食材軟嫩即可。

7 裝盤，再撒上少許洋茴香末點綴。

🥄 食材MEMO

請參閱p.10～11
的香草＆香料介紹

洋茴香　　卡宴辣椒粉　　藏茴香種子

能攝取到滿滿膠原蛋白的韓式經典湯品。
盡情品嘗那細心燉煮、入口即化的牛尾吧！

韓式牛尾湯

材料【4人份】

牛尾肉……1公斤
＊使用牛尾骨關節處切下的肉即可。

白蘿蔔……⅓根（300～350克）
大蒜……2瓣
青蔥（綠色部分）……1根
Ⓐ 薄口醬油……3大匙
　 芝麻油……2大匙
　 白芝麻（磨碎）……2大匙
酒……½杯
鹽、粗粒黑胡椒……少許
青蔥薄片（綠色部分・裝飾用）……適量

作法

1 將牛尾肉放進大量水中浸泡約1小時（a），去除血末。白蘿蔔切成約2公分厚的半圓形後汆燙備用。大蒜對切後去掉蒜芯，並壓碎備用。

2 將牛尾肉放入鍋中，再倒入稍微淹過肉塊的水量汆燙。等牛尾肉轉白後，取出洗淨，並仔細擦乾水分。

3 在鍋中加入牛尾肉、酒及稍微淹過食材的水量後開火，煮滾後撈除表面雜質。等雜質不再出現時，放入青蔥、大蒜、白蘿蔔，蓋上鍋蓋並轉為小火，繼續燉煮約3小時至牛尾肉至熟透軟爛為止（用筷子一戳便能穿透的程度）。

＊若使用壓力鍋烹煮，則需加壓30分鐘。

4 加入Ⓐ，並撒入鹽、胡椒調味。若覺得湯頭太油膩，也可放涼等凝固後將表面油脂去除（b）。

5 裝盤，擺上青蔥片點綴。

POINT

a

牛尾肉的備料過程是美味關鍵。須先浸泡在水中去除血末，再汆燙去除腥味。

b

若想吃得清爽些，完成後可放涼並放進冷藏，等油脂凝固後再挖除。

若使用壓力鍋來料理，只須燉煮約¼的時間，牛尾肉就會變得相當軟嫩。

奶油洋蔥牡蠣濃湯

ARRANGE

奶油洋蔥牡蠣
鹹舒芙蕾

軟綿綿的蛋白霜與濃郁的牡蠣濃湯
簡直是絕配。
將蛋白霜鋪擺在其他濃湯上烘烤,
一樣風味絕佳!

材料【4人份】

牡蠣……200克

洋蔥、韭蔥……各40克

＊沒有韭蔥的話，就改成洋蔥80克。

番茄糊……2小匙

鮮奶油……²⁄₃杯

雞高湯……1.5杯

鹽……½小匙

胡椒……少許

太白胡麻油……1大匙

譯註：太白胡麻油是用未烘焙的生芝麻壓榨而成。

〈鹹舒芙蕾〉

奶油……20克

低筋麵粉……20克

牛奶……²⁄₃杯

雞蛋……2顆

作法

1 將洋蔥、韭蔥薄切（記得仔細切斷纖維）。

2 在鍋中倒入胡麻油後開小火熱鍋，放入作法1，拌炒至熟透軟嫩。倒入番茄糊混勻，再放入牡蠣並轉為中火拌炒。接著倒入高湯，煮滾後撈除表面雜質，蓋上鍋蓋繼續燉煮約20分鐘。放涼後，倒入調理機中攪拌均勻。最後再倒回鍋中，放入鮮奶油，撒入鹽、胡椒調味。

3 製作鹹舒芙蕾。取一個小鍋，放入奶油加熱融化，將低筋麵粉過篩後撒入混勻。一邊倒入2大匙牛奶，一邊用打蛋器攪拌均勻，並撒入鹽、胡椒調味。關火後，分次加入蛋黃（a），並用打蛋器攪勻後，移至碗中。

4 取另一碗加入蛋白，並用打蛋器打發至硬性發泡為止（拿起打蛋器有直立尖角）。將一半的蛋白霜加進作法3中，用橡膠刮杓混合均勻後（b），再將剩下的蛋白霜倒入輕輕拌勻（c）。

5 將作法2倒入耐熱容器中，迅速鋪上作法4，放入預熱至190℃的烤箱中，烘烤約10分鐘至表面呈焦黃色為止。

POINT

把低筋麵粉、奶油、牛奶煮至融化且混勻後，將蛋黃倒入並快速攪打。

用橡膠刮杓將一半的蛋白霜拌勻。

將剩餘的蛋白霜用橡膠刮杓混勻（用切拌法輕輕拌勻），拌打至呈柔軟蓬鬆狀為止。

湯品、燉菜＋義大利麵＝正餐
義大利麵集錦

只要在西式湯品或燉菜中加點義大利麵，便令人心滿意足。
在午間或晚餐時光，來嘗試各式各樣的湯品和義大利麵組合吧！
增添些許調味後，與燉煮料理一起享用也十分美味。

＊材料和作法皆為1人份。

增添荷蘭芹風味和色調

荷蘭芹義大利麵

1 在鍋中倒入大量水煮沸，放入60克義大利短麵（圖示為螺旋麵）煮熟。用篩網撈起，瀝乾水分。

2 在作法1中加入橄欖油、荷蘭芹碎末各1小匙，並撒上少許鹽、胡椒混合均勻。

也可選擇直麵或通心麵

起司義大利麵

1 在鍋中倒入大量水煮沸，放入60克義大利短麵（圖示為筆管麵）煮熟。用篩網撈起，瀝乾水分。

2 在作法1中加入奶油、帕馬森起司（磨碎）各1小匙，並撒上少許鹽、粗粒黑胡椒混合均勻。

搭配西式燉煮料理享用，連湯汁都變得很可口！

古斯米

在可微波容器內放入少許鹽、120毫升熱水、1小匙奶油與½杯古斯米，混合均勻，蓋上保鮮膜後，放進微波爐加熱3分鐘，再拿出迅速攪拌均勻即可。

讓人想一再端上桌！
日西式中的經典燉煮料理
絕品燉菜

舉凡馬鈴薯捲心菜燉湯、奶油燉菜、高麗菜捲
等西式燉煮料理，或是關東煮、煮物等高人氣
的日式經典燉菜，再加上奶油雞肉咖哩、墨西
哥燉辣肉醬等新崛起的燉煮餐點……本篇嚴選
了各種絕品食譜，隆重介紹這些經典佳餚。

南法的經典蔬食料理，燉煮祕訣就是……把蔬菜切得無敵大塊，
先從最難煮熟的食材開始下鍋拌炒！冷藏過後即是享用美味的時刻。

普羅旺斯蔬菜雜燴

材料【4人份】

茄子……2根

櫛瓜……1根

甜椒（紅、黃）……各1顆

洋蔥……1顆

大蒜……1瓣

橄欖油……4大匙

番茄汁……1杯

百里香……5～6支

鹽……少許

POINT

將蔬菜切齊成同樣大小，較易掌握
烹調時間。

等洋蔥熟透後，就是放入下一種蔬
菜的好時機。

拌炒均勻後，倒入番茄汁燉煮。

作法

1 將茄子、櫛瓜切成約1公分厚度的圓片，甜椒、洋
蔥切成不規則狀，大蒜去掉蒜芯後壓碎備用（a）。

2 把2大匙橄欖油、大蒜倒入鍋中用小火拌炒，等香
味出來後，放入洋蔥、百里香，拌炒至洋蔥熟透軟
嫩為止（b）。

3 依序加入櫛瓜、甜椒、茄子，並將剩下的橄欖油倒
入，拌炒均勻。倒入番茄汁（c）拌勻，蓋上鍋蓋。
中間記得打開鍋蓋攪拌2～3次，燉煮約20分鐘。

4 撒入少許鹽調味，等完全放涼後，放進冰箱冷藏。

＊可在冰箱保存約10天。

使用番茄汁來燉煮，會
產生令人意想不到的濃
郁口感。

食材MEMO

請參閱 p.10～11
的香草＆香料介紹

百里香

用慢火咕嚕咕嚕精心燉煮肉塊與蔬菜而成，
這是法國農村的家庭料理，之於日本就如同關東煮般的存在。

牛肉馬鈴薯捲心菜燉湯

材料【4人份】

牛腱肉塊……1公斤
馬鈴薯……2顆
紅蘿蔔……2～3根
西芹……1根
洋蔥……1顆
蕪菁……2顆
高麗菜……⅛顆
丁香……2根
法國香草束……1束
Ⓐ 鹽……1小匙
　白胡椒粒、芫荽籽（有的話）
　……各10粒

＊建議選用尺寸不會過大的馬鈴薯、洋蔥、蕪菁，以及較細小的紅蘿蔔為佳。

🖋 食材MEMO

請參閱p.10～11的香草&香料介紹

五月皇后（May Queen）
黏度較高、口感滑順，且不容易煮碎。適合用於燉菜、咖哩、關東煮等燉煮料理。
譯註：日本的馬鈴薯品種。

芫荽籽

丁香

法國香草束

作法

1 用棉繩將牛腱肉綑綁定型（a、b、c）。

2 將2公升水、作法1、香草束（d）放入鍋內，並開強火燉煮。煮滾至表面稍微冒泡再轉小火，蓋上鍋蓋後（記得常常打開撈除雜質）繼續燉煮約1小時（牛肉的雜質較多，若仔細撈除浮沫雜質，完成後的湯品便會清澈許多）。

3 用大量的水浸泡馬鈴薯（用來洗去澱粉質，使其較不易煮碎，湯頭也不會過於混濁）。將蕪菁去皮（削去薄薄一層，較不易煮碎），並連著莖部對切，接著再將2根丁香插到洋蔥上。西芹去莖後，切成約10公分的長度，紅蘿蔔則可依個人喜好連皮使用，高麗菜切成一半備用（e）。

4 把作法2的香草束取出，放入Ⓐ、除高麗菜以外的蔬菜，燉煮約30分鐘。接著放入高麗菜，再蓋上鍋蓋繼續燉煮約15分鐘（煮過頭的話，蔬菜很容易碎掉，記得多加留意火候，保持表面稍微冒泡的狀態）。

5 取出牛腱肉並切成較好入口的大小後裝盤，最後擺上所有蔬菜。還可依個人喜好撒入鹽、胡椒、橄欖油、芥末粒一起享用。

𝒫POINT

棉繩的綁法

a 從牛肉塊邊緣約1.5公分的地方起，用棉繩繞一圈打個單結，再將棉繩的另一端做出一個圈。

b 把圈（長線頭那端）繞至肉塊下方後拉緊，每隔1.5公分即重複一次。

c 翻面後將長線頭縱向穿過每一條橫線至肉塊底端，再與一開始的單結打結固定即可。

d 把香草束繫在鍋子的把手上，會較容易取出。

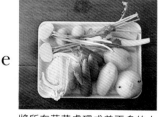
e 將所有蔬菜處理成差不多的大小，燉煮至軟嫩入味。

f 把丁香插在洋蔥上，之後才較好取出。

雖說也可選用個人偏好的雞肉，但還是推薦能燉煮出大量精華的帶骨雞肉。
奶油燉菜擁有市售的醬汁所品嘗不出的滑順與溫潤。

奶油雞肉燉菜

材料【4人份】

雞腿……8隻

洋蔥……1顆

馬鈴薯……300克

紅蘿蔔……1根

蘑菇……1袋（6朵）

奶油……4大匙

白酒……¼杯

低筋麵粉……2大匙

月桂葉……1片

牛奶……½杯

鮮奶油……¼杯

鹽……1小匙

胡椒……少許

作法

1 沿著雞骨將雞腿肉表面劃出幾道刀痕，把洋蔥切成2公分的方形，馬鈴薯切成約1公分厚的半圓片，並浸泡在大量水中（用來洗去澱粉質，使其較不易煮碎）。把紅蘿蔔切成約5公釐厚的圓片，並將蘑菇薄切。

2 取一個深鍋，開小火並放入1大匙奶油加熱融化，再放入洋蔥拌炒至熟透軟嫩後，倒入白酒，煮至表面稍微冒泡。

3 加入1公升水、雞腿肉、月桂葉、馬鈴薯、紅蘿蔔、蘑菇、荷蘭芹的莖（有的話），接著轉為中火燉煮。等煮滾後，撈除表面雜質再轉為小火，蓋上鍋蓋並繼續燉煮約30分鐘。最後再把荷蘭芹的莖取出。

4 取另一個鍋子，放入剩餘的奶油加熱融化，並倒入低筋麵粉拌勻（a）。接著邊慢慢倒入牛奶，邊用打蛋器攪拌均勻（b）。取1杯作法3的湯頭，並慢慢倒入混勻。

5 將作法4倒入作法3後混勻，煮滾後加入鮮奶油並關火。最後撒入鹽、胡椒調味。

a

仔細攪勻奶油和低筋麵粉是製作美味白醬的祕訣。

b

持續不斷地攪拌，並慢慢倒入牛奶混勻，才不會結塊。

還可依照個人喜好撒上荷蘭芹末裝飾。讓人想早點回家享用的熱騰騰燉菜便完成了。

簡單的千層白菜鍋擁有屹立不搖的人氣。
把豬肉和香菇通通夾進去，大大增添了醇厚風味。

千層白菜豬肉鍋

材料【4人份】

豬五花肉片……300克
白菜……¼顆（700克）
香菇……4朵
生薑（薄切）……4片
🅐 和風高湯……2杯
　酒……2杯
　鹽……1～2小匙
　胡椒……少許

作法

1 切除香菇根部後，再薄切成片。

2 在白菜葉的中間，平均放進相同份量的豬肉片、香菇片（a、b），並切成與鍋子深度相同的寬度。

3 將作法2直立放入鍋中並塞得緊緊的（c），倒入🅐後放入生薑片，接著蓋上鍋蓋再開火燉煮。煮滾後將火轉小，再次蓋上鍋蓋，並繼續燉煮約20分鐘。

a

記得不要切除白菜芯，葉片便不容易分離，夾豬肉片時也會較為好夾。

b

配合白菜葉的數量，平均地夾進豬肉片、香菇片。

c

食材下鍋燉煮後，就會擠在一起，記得要把料塞得滿滿的。

POINT

印度咖哩餐廳的人氣餐點，其實用手邊的食材就能簡單製作。
搭配印度烤餅、小茴香飯或奶油飯，一起享用美味吧。

奶油雞肉咖哩

材料【4人份】

雞腿肉……1大塊（350克）

洋蔥……2顆

水煮鷹嘴豆罐頭

　……½罐（淨重110克，保留罐頭豆湯）

Ⓐ 腰果（烤過）……80克

　原味優格……1杯

　番茄罐頭……1杯

生薑（磨碎）……2大匙

大蒜（磨碎）……2片

咖哩粉……2～3大匙

鹽……2小匙

胡椒……少許

奶油……30克

太白胡麻油（或沙拉油）……3大匙

譯註：太白胡麻油是用未烘焙的生芝麻壓榨而成。

作法

1 將洋蔥切成4等分後薄切（記得仔細切斷纖維）。雞腿肉去掉多餘的油脂，並切成6～8等分。

2 取一厚實的鍋子倒入胡麻油，開小火拌炒洋蔥約30～40分鐘至上色為止（小心別炒焦了）(a)。

3 將Ⓐ、1杯水或1杯鷹嘴豆罐頭豆湯倒進調理機中，攪拌成糊狀。

4 將生薑末、蒜末放入作法2的鍋中拌炒，等香味出來後，撒入咖哩粉並拌炒均勻。放入作法3、雞腿肉、鷹嘴豆，邊攪拌邊以小火燉煮約30分鐘（底部很容易燒焦，記得留意火候，並持續不斷地攪拌）。

5 撒入鹽、胡椒調味，再放入奶油加熱融化。還可依個人喜好撒上粗粒黑胡椒。

食材MEMO

鷹嘴豆

產自西亞的豆類，清爽的風味很適合用於各式湯品、燉菜、沙拉等料理中。或西班牙文的Garbanzo在市面上也很常見。

POINT

a

拌炒洋蔥的火候是掌握美味的關鍵。慢慢拌炒約30～40分鐘至上色為止（小心別炒焦了）。

最近幾年，超市也開始販售冷藏或冷凍的烤餅，請務必嘗試看看。

以番茄為基底，
能攝取大量高麗菜與肉的高滿足料理。

高麗菜捲

材料【4人份】

高麗菜葉……8大片

混合絞肉……300克

洋蔥（碎末狀）……½顆

雞蛋（小）……1顆

麵包粉……½杯

肉豆蔻……少許

鹽……1小匙

胡椒……少許

太白胡麻油（或沙拉油）……1大匙

譯註：太白胡麻油是用未烘焙的生芝麻壓榨而成。

Ⓐ 雞高湯……1杯

番茄罐頭……½罐（200克）

鹽、胡椒……少許

月桂葉……1片

培根……2片

食材MEMO

請參閱p.10～11
的香草＆香料介紹

肉豆蔻

作法

1 將高麗菜芯切下後切成薄片，用鹽水汆燙高麗菜葉。培根切成8等分，番茄則用手捏碎。

2 下鍋拌炒洋蔥至熟透軟嫩後放涼。再加入混合絞肉、雞蛋、麵包粉、肉豆蔻、鹽、胡椒、作法1的高麗菜芯後攪拌均勻，並分成4等分。

3 攤開1片高麗菜葉，放上作法2的肉餡並捲起（a、b），再接續放上另1片菜葉後重複捲起（c）。

4 倒入胡麻油熱鍋，放入作法3，煎烤至稍微上色後，再翻面煎烤至上色為止（d）。

5 加入Ⓐ，並蓋上鍋蓋燉煮約30分鐘。

POINT

攤開1片高麗菜葉，並把肉餡擺在最前方。

以肉餡為中心將葉片捲起。

放上另一片高麗菜葉並重複捲起，包上2片葉片較不容易煮破。

將高麗菜捲放入大小剛好的鍋子，燉煮時較不會在鍋中移動。

義大利番茄燉煮料理中的經典。
在購買沙丁魚時先請店家幫忙處理，便能烹調地更輕鬆省時。

義式番茄沙丁魚

和義大利短麵搭配也是絕品，當然，
和米飯、麵包與酒的組合也很棒。

材料【4人份】

沙丁魚（已處理好的）……4條（300克）

＊已去鱗、魚頭、內臟。

鹽、胡椒……少許

松子、葡萄乾……各1大匙

低筋麵粉……3大匙

橄欖油（或沙拉油）……2⅓大匙

〈番茄醬汁〉

　洋蔥……1小顆

　大蒜……1小瓣

　紅辣椒……½根

　番茄……2大顆（或番茄罐頭½罐）

　白酒……3大匙

　鹽、胡椒……少許

作法

1 在沙丁魚正反兩面抹上薄薄一層鹽、胡椒、低筋麵粉。取一氟素樹脂加工製的平底鍋，倒入1小匙橄欖油熱鍋，並放入沙丁魚煎烤。等煎至兩面呈焦黃色後（a）取出。

2 製作番茄醬汁。將洋蔥薄切，並將大蒜對切後，去掉蒜芯再壓碎。紅辣椒去籽，番茄則去蒂頭後切成大塊。

3 快速洗一下作法1的平底鍋，倒入剩餘的橄欖油後，開小火熱鍋，並放入大蒜、紅辣椒拌炒。等大蒜上色且傳出香味後，放入洋蔥並拌炒至熟透軟嫩為止。

4 加入白酒、番茄後轉為中火，等煮滾後再轉回小火，接著蓋上鍋蓋燉煮約5分鐘，最後撒入鹽、胡椒調味。

5 放入沙丁魚、松子、葡萄乾，並倒入番茄醬汁繼續燉煮約10分鐘。還可依個人喜好撒上奧勒岡點綴。

POINT

a

為了讓沙丁魚在燉煮時能保持完整，記得要仔細地煎烤正反兩面。

預先存起來放好方便，萬能的番茄醬基底。

無論是搭配義大利直麵或筆管麵都一樣的美味。另外，也是漢堡肉、薑汁豬肉、白肉魚等煎烤肉類料理的良伴，或淋在蛋包飯上一塊享用也是個好選擇。

甘醇溫和風味的暖呼呼燉煮料理。
雞肉與蛋放到隔天會更入味可口。

中式滷雞翅與滷蛋

材料【4人份】

雞翅……10隻
紹興酒（或酒）……1大匙
白煮蛋……4顆
青蔥（綠色部分）……1根
生薑……1片
芝麻油……2小匙

Ⓐ 中式高湯……3杯
紹興酒（或酒）……2大匙
砂糖……2大匙
醬油……2.5大匙
八角（有的話）……1顆
小松菜……2把

作法

1 把青蔥切成3公分長，生薑連皮切成約5公釐的厚度。切掉雞翅尖（a），並在雞骨中間切劃幾道刀痕（b），煮一大鍋沸水後，放入雞翅，汆燙至顏色轉白為止。取出後瀝乾水分，並塗抹上紹興酒。

2 倒入芝麻油熱鍋，放入雞翅，煎烤至表面呈焦黃色為止。

3 加入Ⓐ、白煮蛋、青蔥、生薑，蓋上廚房紙巾當作鍋內蓋後，再蓋上鍋蓋燉煮約20分鐘。

4 裝盤，並擺上用鹽水汆燙過且切成約4公分長的小松菜作為裝飾即可。

POINT

a

把雞翅尖切除，下刀在骨頭中間會較為好切。

b

在雞翅上切劃幾道刀痕，才更容易入味。

裝盤時，記得把滷好的水煮蛋切成一半，既容易入口看起來也更豐盛。

日式傳統燉煮料理中的代表菜色，
想加進自己喜歡的料烹煮也OK。

關東煮

材料【4人份】

白蘿蔔……½根（450克）

馬鈴薯……2顆

油炸豆皮……2片

麻糬……4塊

炸魚餅……4塊

竹輪……2塊

竹輪麩……1塊

蒟蒻結……8塊

白煮蛋……4顆

海帶結……4塊

🅐 和風高湯……7杯

　薄口醬油……3大匙

　酒、味醂……各2大匙

　鹽……約1小匙

作法

1 將馬鈴薯放進大量水中浸泡約1小時。白蘿蔔去皮（削掉厚厚一層），並切割上約1公分深的放射狀刀痕（a），再用洗米水（有的話）汆燙去除生澀味。

2 把油炸豆皮對切後，攤開呈口袋狀，放入切成一半的麻糬後插上牙籤封口。並將竹輪、竹輪麩切成好入口的大小。

3 在鍋中放入🅐，煮滾後放入所有食材，並蓋上鍋蓋繼續燉煮約30分鐘。

4 裝盤，還可依個人喜好加上日式黃芥末醬。

POINT

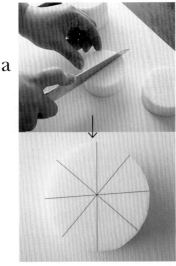

切割上放射狀刀痕的話，白蘿蔔會更容易入味。最好切成約1公分左右的深度。

隔天起會變得更入味好吃。

濃縮了美味肉汁的辣豆醬，也可以多煮一些作為西式常備菜使用。
無論要當成主餐、副食或配菜，都能愉悅享用。

墨西哥燉辣肉醬

材料【4人份】

水煮金時豆罐頭……1罐（淨重380克）

洋蔥（碎末狀）……1顆

大蒜（碎末狀）……2小匙

牛絞肉……250克

番茄糊……2大匙

橄欖油……2大匙

Ⓐ 番茄罐頭……1罐（400克）

　砂糖……1小匙

　月桂葉……1片

　五香辣椒粉……½小匙

　小茴香種子……1小匙

　鹽……1小匙

　粗粒黑胡椒……少許

作法

1 在鍋中倒入橄欖油熱鍋，放入洋蔥末、大蒜末拌炒。等炒至熟透軟嫩後，再放入牛絞肉仔細拌炒，接著加入番茄糊攪拌均勻。

2 將Ⓐ、金時豆（連著罐頭豆湯）一起倒入鍋中，等煮滾後轉為小火，蓋上鍋蓋繼續燉煮約30分鐘（燉煮期間記得打開攪拌約3～4次）。

✎ 食材 MEMO

金時豆

即為大紅豆，也稱作紅腰豆。由於不易煮爛，經常用於各式燉煮料理中。

番茄糊

用濾網過篩番茄果肉後的糊狀番茄。加進湯頭或燉菜中，便能增添料理的醇厚風味。相較於番茄汁，味道更為濃郁。

請參閱p.10～11
的香草＆香料介紹

五香辣椒粉　　　**小茴香種子**

使用多種香料，會燉煮出令人上癮的香辣風味。熱熱地吃，或加點起司吃也很適合！

宴客之道
非燉菜莫屬

前一天就能先備好，一擺上桌又能瞬間增添華麗氛圍，
試著端出各種燉煮料理來招待客人吧！
藉由搭配不同的餐具與玻璃杯，更能營造出充滿情調的餐桌。

燉菜與洋酒

以肉類為主菜的燉煮料理就要搭配紅
酒；魚貝類為主菜的最好搭配白酒。
另外，香辣風味的餐點配上粉紅葡萄
酒、啤酒則有著絕妙的平衡。

西式　餐桌擺設哲學

準備好餐盤、餐具、餐巾紙和酒杯！

燉菜與日本酒

中式滷雞翅與滷蛋（p.108）或燉白蘿
蔔等日式燉煮料理，是日本酒、燒酒、
啤酒的良伴。

日式　餐桌擺設哲學

在餐盤上擺放擦手巾、玻璃杯和筷子。

PART 6

前一天備料也OK!
豪華感滿點的一道
款待燉菜

買了一大塊肉或一整條魚回家後，就好想放進鍋子直接咚地一聲，華麗地端上宴客餐桌，本篇就要介紹各種能賓主盡歡的燉煮料理。只需端出這一道，就能博得熱烈掌聲。除了可當作小菜，還有著會令人想小酌一番的深沉風味。

以甜菜根製作的傳統俄羅斯料理，是種只要吃過一次就會上癮的美味燉菜。
雖然處理甜菜根是件很麻煩的事，但只要使用甜菜根罐頭就能輕鬆端上桌。

羅宋湯

材料【4人份】

牛腱（燉煮用）……500克

鹽、胡椒……少許

水煮甜菜根（罐頭、切片）
……1罐（總重約400克）

洋蔥……2顆

紅蘿蔔……½根

馬鈴薯……2顆

高麗菜……¼顆

大蒜……2瓣

番茄罐頭……1罐（400克）

月桂葉……2片

Ⓐ 白酒……1杯
鹽、砂糖……各1小匙

檸檬汁……1小匙

橄欖油……2大匙

酸奶油……適量

作法

1 把牛肉切成一口大小，撒上鹽、胡椒調味。

2 將牛肉、月桂葉放入鍋中，倒入開水（食材略為露出水
面）後開火（a）。等煮滾後，去掉表面雜質並轉為小
火，燉煮約40分鐘。燉煮時，記得隨時撈除雜質。

3 把甜菜根切成不規則的小片，並留下罐頭中的甜菜根
汁，番茄用手捏碎。將洋蔥、紅蘿蔔切成小塊，大蒜對
切後去掉蒜芯。把高麗菜切成約3公分大小的四方形，馬
鈴薯則切對半後，放進大量水中靜置。

4 備另一個鍋子，倒入橄欖油、大蒜後開火。待香味出來
後，用小火慢慢拌炒約20分鐘至洋蔥、紅蘿蔔變成焦黃
色為止。

5 將作法2的湯汁、番茄、瀝乾水分的馬鈴薯、Ⓐ加進鍋
中，開大火燉煮。待煮滾後，倒入牛肉、甜菜根和罐頭
甜菜根汁，並轉為中火。等再次煮滾後，撈除表面雜
質，轉成小火並蓋上鍋蓋。中間記得打開鍋蓋，撈除雜
質約3～4次，再燉煮約1小時。將牛肉煮到軟嫩入味後，
放入高麗菜，等燉煮至菜葉熟透後加入少許檸檬汁。

6 裝盤，再放上適量酸奶油。

POINT

a

把牛肉放進加了月桂葉的熱水中汆
燙。汆燙過後的湯汁還要繼續使
用，記得別倒掉了。

慢慢燉煮至入口即化的精緻美味，宴客必備的日式料理。
若家裡有的話，建議可選用壓力鍋烹調，既省時又輕鬆。

日式紅燒豬肉

材料【4人份】

豬五花肉塊……600克

青蔥（綠色部分）……1根

生薑片……3片

Ⓐ 酒、醬油……各5大匙

　砂糖……3大匙

　味醂……2大匙

水煮鵪鶉蛋……12顆

青蔥（白色部分）……1根

八角……1顆

作法

1 將豬肉塊切成約3公分厚度，再加入青蔥的綠色部分（用
手剝碎）、生薑片、大量的水（稍微蓋過肉塊）後，蓋
上鍋蓋並開大火烹煮。等煮滾後轉為中火，撈去雜質並
繼續燉煮約20分鐘。

＊若使用壓力鍋烹煮，記得一加壓後就要轉成小火，並燉煮約10分鐘。

2 把青蔥（白色部分）切成約4公分長，稍微分一些出來作
為裝飾用，並細切成絲。

3 將豬肉塊取出後用水快速沖洗，倒掉湯汁。迅速洗一下
鍋子，再放入豬肉塊、Ⓐ、2杯水、鵪鶉蛋、作法2的青
蔥（白色部分）、八角後開火。等煮滾後轉為小火，繼
續燉煮約30～40分鐘。

＊若使用壓力鍋烹煮，則需加壓15分鐘。

4 將料取出，並依照個人喜好收乾湯汁。裝盤，擺上豬肉
塊、青蔥，淋上湯汁並放上青蔥絲點綴。

若家裡有的話，可選
用壓力鍋來料理。既
省時，也能把食材燉
得相當軟嫩。

能品嘗到厚實牛肉與濃濃紅酒風味的燉菜，
令人懷念且深受大家喜愛的美味經典料理。

紅酒燉牛肉

材料【4人份】

牛腱（燉煮用）……500克

鹽……少許

低筋麵粉……3大匙

小洋蔥……8顆

洋蔥（碎末狀）……1顆

紅蘿蔔……½根（100克）

馬鈴薯……4小顆

蘑菇……6朵

番茄汁……½杯

紅酒……1杯

Ⓐ 多明格拉斯醬……½罐（150克）

　雞高湯……2.5杯

　鹽、胡椒……少許

　月桂葉……1片

太白胡麻油（或橄欖油）……4大匙

譯註：太白胡麻油是用未烘焙的生芝麻壓榨而成。

青豆（鹽水汆燙過）……4大匙

作法

1 把牛腱肉切成約一口大小，抹鹽後靜置約15分鐘。之後擦乾水分，並塗抹上薄薄一層低筋麵粉。

2 以1大匙胡麻油熱鍋，放入洋蔥碎拌炒至熟透軟嫩為止。

3 另取一平底鍋，倒入1大匙胡麻油後開大火，放入牛肉煎烤至均勻上色（a）。倒入番茄汁拌勻，再加進作法2的鍋中（b）。

4 將紅酒倒入作法3的平底鍋中煮沸（c），並用木製刮杓刮去鍋底的焦狀肉汁後，再倒進作法2的鍋中。

5 接著在鍋中加入Ⓐ後開火，等煮滾後轉為小火，蓋上鍋蓋並繼續燉煮約1～1.5小時。

6 把紅蘿蔔、馬鈴薯從中心豎切成4公分長的派形，削掉尖角部分（削掉後較不易煮爛，煮好的形狀也較好看）。將馬鈴薯浸泡在大量水中約1小時，小洋蔥薄薄地去皮，蘑菇則切成一半。

7 沖洗作法4的平底鍋，倒入剩餘的胡麻油熱鍋。放入作法6的蔬菜拌炒，加進作法5的鍋中燉煮約20分鐘。裝盤，並撒上青豆。

🍴 食材MEMO

多明格拉斯醬

用奶油拌炒小麥粉，並加入牛肉、牛骨及蔬菜燉煮的風味醬。建議可選購市售的罐裝產品，方便又好用。

番茄汁

燉煮番茄並用濾網過篩，再將醬汁收乾的調味醬。濃縮了更多精華的則是番茄糊。

┌ POINT ┐

a

將牛腱肉表面煎烤上色，便能鎖住肉汁，讓牛肉更鮮嫩多汁。

b

把煎烤上色的牛腱肉與洋蔥等蔬菜一起用慢火熬煮。

c

加點紅酒，將殘留在平底鍋上的焦狀牛肉汁保留下來。

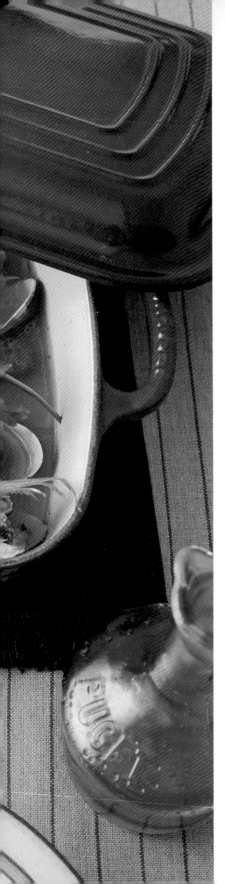

即使是不擅於烹調整條魚的人，也能豪爽地放入鍋中用慢火輕鬆燉煮。
這是洋溢著豪華氛圍，煮起來卻意外簡單的義式美味。

義式水煮魚

材料【4人份】

小鯛魚（總長約25～30公分，
去鱗、魚頭、內臟）
　……1條（400克）
鹽……少許
蛤蜊（已吐過沙的）
　……15顆（150克）
小番茄……8顆
橄欖（黑、綠）……各8顆
酸豆……1大匙
番茄乾……2片
鯷魚（菲力）……2片
橄欖油……1大匙
義大利扁葉香芹……2支

食材MEMO

鯷魚
即為鹽漬日本鯷
魚。帶有獨特的風
味與鹹味，經常被
用為各式料理的調
味料。

酸豆
刺山柑花的醋漬製
品。有著淡淡的苦
味且餘味濃厚，適
合搭配各種魚料理
享用。

作法

1 在鯛魚的正反兩面各切劃上1～2道刀痕（a），並在表面、魚肚裡輕輕抹上少許鹽。

2 對切小番茄，番茄乾切成小塊狀，再將鯷魚粗略切成小塊。

3 取一個鍋子開火，並倒入1大匙橄欖油，放入鯷魚煎烤至兩面皆上色為止（b）。

4 接著加入蛤蜊、小番茄、橄欖、酸豆、番茄乾、1.5杯水燉煮。等煮滾後，放入鯷魚塊，並繼續燉煮約10～15分鐘（燉煮期間，持續舀取湯汁澆淋在鯛魚上）。

5 擺上義大利扁葉香芹，再淋上2小匙橄欖油（額外的材料）。

POINT

a 在鯛魚正反兩面各切劃上1～2道刀痕，便能更加入味好吃。

b 燉煮前，記得用橄欖油先將鯛魚兩面煎得焦香。

燉煮至入口即化的肋排令人難以忘懷，
無論是飯或酒皆能搭配得宜、份量滿點的迷人燉菜。

蠔油滷豬肋排

甘醇辛辣、燉煮至軟嫩可口的豬肋排，讓每個人胃口大開。

材料【4人份】

豬肋排……8根
紹興酒（或酒）……各2小匙
Ⓐ 紹興酒（或酒）、醬油
　　……各1大匙
竹筍（水煮）……1小根
香菇……4朵
青蔥……½根
中式高湯……2.5杯
Ⓑ 蠔油、紹興酒、砂糖
　　……各1大匙
　 醬油……2大匙
　 胡椒……少許
　 陳皮……1片
芝麻油……2大匙

食材MEMO

蠔油
以牡蠣為原料製成的調味料，有著獨特的風味與濃郁的口味。經常用於各式中國料理。

陳皮
由橘子成熟後的果皮曬乾而成，在日本多以溫州蜜柑代替製成。

POINT

a

豬肋排汆燙過後，便能去除腥味。

b

由於有經過汆燙這一步驟，備料時會更容易入味。

c

把豬肋排煎烤上色再入鍋燉煮，會更加香濃可口。

作法

1 將大量水倒入鍋中煮沸後，倒入紹興酒，再將豬肋排放入汆燙。等豬肋排顏色轉白後（a）取出，並仔細瀝乾水分。接著塗抹上Ⓐ後（b），靜置於室溫下約15分鐘。

2 將竹筍前端切成約6～8等分的半圓片，根部則切成約1公分厚的半圓片。將香菇根部切除，並從中心豎切成約4～6等分，最後再將青蔥切成約4公分長。

3 取一個鍋子開火後，倒入1大匙芝麻油熱鍋，再放入豬肋排煎烤。等煎烤至表面上色後（c）取出。

4 將剩餘的芝麻油倒入鍋中，並轉為大火拌炒青蔥。接著倒入高湯，煮滾後放入豬肋排、剩下的蔬菜。等再次煮滾後，加入Ⓑ，並轉成中火繼續燉煮約10～15分鐘。最後以繞圈的方式淋上1～2小匙芝麻油後關火。

香濃卻清爽的鹽漬檸檬與雞肉是最佳拍檔。
即使家裡沒有塔吉鍋，也能美味端上桌。

鹽漬檸檬黑胡椒雞肉塔吉鍋

材料【 直徑21公分塔吉鍋1個的份量 **】**

雞胸肉……2塊（500克）

Ⓐ 洋蔥（磨碎）……½顆

　 大蒜……1瓣

　 生薑（磨碎）……1大匙

　 香菜（切成小段，連同葉和莖）

　　 ……1株

　 檸檬汁……½顆

　 粗鹽（或鹽）……½大匙

　 粗粒黑胡椒……少許

洋蔥……1顆

檸檬（無農藥）……½顆

鹽漬檸檬（市售）……1大匙

橄欖（綠、黑）……各4顆

橄欖油……2⅔大匙

香菜葉（依個人喜好添加）……1株

 食材MEMO

鹽漬檸檬

以鹽醃漬檸檬後
靜置而成的萬用
調味料。要使用
市售品或自製品
烹調都OK。

哈里薩辣醬

蒸煮生辣椒並加
入油製成的調味
醬。是搭配古斯
米或塔吉鍋料理
的良伴。

依個人喜好與古斯米（請參
閱p.92）一起享用，更能品
嘗到醬汁的原味。

搭配古斯米一起吃，營造出滿滿的
摩洛哥風情。鹽漬檸檬與雞肉汁融
入古斯米後更是美味升級。

依個人喜好與古斯米（請參閱p.92）一起享用，更能品嘗到醬汁的原味。

作法

1 將雞胸肉斜切成4～6小塊，洋蔥切成約2公分厚的半圓片，大蒜則對切後去掉蒜芯，再用菜刀壓碎。

2 將雞胸肉、Ⓐ放入碗中，並用手仔細抓捏，幫助吸收入味（a）。接著放進保鮮袋中，擠出空氣（b），並放進冰箱冷藏3小時以上，可以的話盡量放置約6小時。

3 將作法2靜置於室溫下約30分鐘。把鹽漬檸檬對切，檸檬則切成圓片，並將香菜粗略切成小段。

4 取一個鍋子開小火，倒入2大匙橄欖油熱鍋，再放入洋蔥拌炒至熟透軟嫩為止。接著取出放至調理盤上。

5 取作法4的鍋開火，並放入雞胸肉（醃漬醬料可不用全倒入）。接著加入½杯水、洋蔥、鹽漬檸檬、橄欖、檸檬後蓋上鍋蓋燉煮。煮滾後轉為小火，並繼續燉煮約15分鐘至雞胸肉熟透軟嫩為止。最後以繞圈的方式淋上剩餘的橄欖油，擺上香菜葉並淋上哈里薩辣醬（若有的話）。

POINT

a

醃漬雞胸肉和洋蔥，並用手仔細
抓捏，幫助吸收入味。

b

為了讓食材均勻入味，記得仔細
擠出空氣。使用保鮮袋保存的
話，較容易擠出空氣。

126

清淡卻甘醇的和風燉菜，無論是要慢火燉煮，
還是選用壓力鍋快速烹調，皆能軟嫩又美味。

日式白蘿蔔燉牛筋

材料【4人份】

牛筋……500克

白蘿蔔……8公分（250克）

燒豆腐……1袋（250克）

蒟蒻絲（粗）……200克

獅子唐青椒仔……8根

譯註：即日式青椒仔，因尖端似獅子鼻而得名。

青蔥（綠色部分）……1根

生薑……½片

Ⓐ 青蔥（碎末狀）……15公分的量

  醬油……5大匙

  芝麻油……2大匙

  砂糖、味醂……各1大匙

  大蒜（磨碎）……1小匙

  胡椒……少許

酒……2大匙

鹽……少許

作法

1 將牛肉（若是大塊牛肉的話）切成一口大小（如果不太好切，可先下鍋汆燙後會較為好切）。白蘿蔔切成約1公分厚的¼圓片，燒豆腐則切成8等分。青蔥切成約5公分長，生薑連皮切成約5公釐的薄片。

2 將牛肉、青蔥、生薑片、酒、鹽、大量的水放入鍋中後開火（a）。等煮滾後，撈除表面雜質，轉為小火並蓋上鍋蓋燉煮約2小時。

＊若使用壓力鍋烹煮，則需加壓15分鐘。

3 把牛肉取出後倒掉湯汁，快速沖洗鍋子，並放入牛肉、白蘿蔔、蒟蒻絲、燒豆腐、大量的水、Ⓐ燉煮約30分鐘。

＊若使用壓力鍋烹煮，則需加壓15分鐘。

4 接著放入獅子唐青椒仔，並繼續燉煮約5分鐘即可。

5 裝盤，還可依個人喜好擺上紅辣椒絲點綴。

食材MEMO

牛筋

為牛的跟腱部位，呈圓柱狀。脂肪較少，含有豐富的膠原蛋白。經過長時間燉煮後，肉質會更為軟嫩，且能去除腥味。

紅辣椒絲

將紅辣椒風乾且切成細絲狀的食材，多用於裝飾擺盤。

POINT

a

先下鍋汆燙後再以慢火燉煮，不僅能去腥，肉質也會更加軟嫩可口。

濃縮了滿滿精華的奶油燉肉丸，
搭配果醬及馬鈴薯泥一起吃，才是正統北歐風。

北歐風奶油燉肉丸

肉汁飽滿的肉丸與馬鈴薯和果醬的
絕佳組合，令人欲罷不能。

材料【4人份】

混合絞肉……400克
雞蛋……1顆
洋蔥（碎末狀）……½顆
洋茴香（碎末狀）……2大匙
牛奶……¼杯
麵包粉……½杯（30克）
白酒……2大匙
雞高湯……1.5杯
鮮奶油……½杯
奶油……2大匙
低筋麵粉……5大匙
鹽……½小匙
胡椒、肉豆蔻……各少許
Ⓐ 鹽、胡椒……少許
太白胡麻油（或橄欖油）……2大匙

譯註：太白胡麻油是用未烘焙的生芝麻壓榨而成。

越橘果醬（或依個人喜好搭配各式莓果醬）……適量
馬鈴薯泥（參考右下作法）……適量

食材MEMO

越橘果醬

產自北歐的越橘（英文名
為Lingonberry），與肉
類料理有完美調和。若家
裡沒有的話，也可使用別
種莓果類的果醬來代替。

作法

1 把牛奶、麵包粉混合均勻。

2 取一平底鍋，倒入1大匙胡麻油熱鍋，並放入洋蔥拌炒至熟
透軟嫩後放涼。

3 將混合絞肉、雞蛋、作法1、作法2、鹽、胡椒、肉豆蔻放入
碗中攪拌均勻。接著加入洋茴香末，分成16等分並捏成圓球
狀，最後撒上3大匙低筋麵粉（在表面裹上薄薄一層）。

4 快速沖洗平底鍋，倒入剩餘的胡麻油後開火，再放入作法3
煎烤（不斷地轉動）至上色後取出（a）。

5 取一個鍋子，放入奶油加熱融化，加入剩餘低筋麵粉拌勻，
再倒入白酒煮至水滾。倒入高湯，再次煮滾後，加入鮮奶
油，撒入Ⓐ調味。最後將肉丸放入，繼續燉煮約10分鐘。

6 裝盤。擺上適量越橘果醬、馬鈴薯泥，還可依個人喜好擺上
少許洋茴香點綴。

POINT

a

邊轉動肉丸邊煎烤上色，便能封
住美味肉汁。

如何製作馬鈴薯泥

材料【容易製作的份量】

馬鈴薯……2大顆
Ⓐ 牛奶……½杯
鮮奶油……¼杯
鹽、胡椒……少許
奶油……30克

作法

將馬鈴薯連皮蒸煮約15分
鐘，並趁熱去皮。接著快速
以濾網過篩後，倒入材料Ⓐ
混合均勻。還可依喜好添加
牛奶，調整軟硬度。

層層疊疊的番茄與起司、充滿卡布里風情的義式燉湯。
選用薑汁燒肉用的豬肉來烹調，端上桌讓賓主盡歡吧！

番茄豬肉疊煮佐莫札瑞拉起司

材料【4人份】

豬肉（薑汁燒肉用）……12片（380克）

番茄……2顆

莫札瑞拉起司……2塊（200克）

羅勒……12片

雞高湯……1杯

橄欖油……1大匙

鹽、胡椒……少許

食材MEMO

莫札瑞拉起司

帶有清爽風味與香氣的新鮮起司，特徵是其Q彈的獨特口感。

作法

1 用菜刀前端切除豬肉筋（a），並把番茄切成約12片的圓片。莫札瑞拉起司則切成約16片的薄片。

2 將高湯加熱。

3 將橄欖油倒入鍋中熱鍋，擺入4片豬肉後撒入少許鹽、胡椒調味。接著依序疊上莫札瑞拉起司、番茄、羅勒，並重複此步驟2次（b）。擺放在最上方的羅勒最好先煮過再擺上，色澤會更鮮豔漂亮。

4 倒入高湯，蓋上鍋蓋後開火。等煮滾後稍微將火轉小，並繼續燉煮約10分鐘即可。

POINT

a

用菜刀切掉豬肉筋，口感會更佳。

b

依序疊上豬肉、莫札瑞拉起司、番茄、羅勒。記得要把豬肉仔細攤開疊放。

充滿著融化起司的熱湯，可放進麵包一起沾著吃。也很適合搭配洋酒一起享用。

香蒜干貝與西班牙辣腸佐小番茄

材料【4人份】

小干貝（蒸過或煮過）
　……16顆
小番茄……8顆
西班牙臘腸……2～3根
大蒜……1瓣
紅辣椒……1根
百里香……2～3支
橄欖油……½杯

作法

1 去掉小番茄蒂頭，再將西班牙臘腸切成約3公分的長度。大蒜對切後去掉蒜芯，切成薄片，並將紅辣椒去籽。

2 將橄欖油、大蒜片、紅辣椒、小干貝、西班牙臘腸放入鍋中，並開小火燉煮。等煮至表面稍微冒泡後，再加入小番茄、百里香繼續燉煮。

3 最後，可依個人喜好撒上少許鹽（額外的材料）享用。

說到油煮料理的經典，非西班牙香蒜料理莫屬。
這是能啜飲著小酒，邊閒聊邊品嘗的酒館式小菜。

2 道絕品香蒜料理

（香蒜干貝與西班牙辣腸佐小番茄、
香蒜鮮蝦與櫛瓜燉蘑菇）

香蒜鮮蝦與櫛瓜燉蘑菇

材料【4人份】

鮮蝦……8隻（160克）
櫛瓜……1小根
蘑菇……4朵
大蒜……1瓣
紅辣椒……1根
迷迭香……1小支
橄欖油……½杯

作法

1 剝掉蝦殼後，在蝦背上切劃上
刀痕（a），再去掉腸泥。將
櫛瓜切成約1公分方丁，蘑菇
則從中心豎切成4等分。大蒜
對切後去掉蒜芯，切成薄片，
並將紅辣椒去籽。

2 將橄欖油、大蒜片、紅辣椒、
櫛瓜、蝦子、蘑菇、迷迭香放
入鍋中，並開小火燉煮。

3 最後，可依個人喜好撒上少許
鹽（額外的材料）享用。

POINT

a

記得在蝦背上切劃刀痕。如此一
來，下鍋燉煮後蝦背便會打開，
看起來會更美觀可口。

吃得到濃濃的蜜桃香甜！
由於很快就會變色，建議一做好就立即享用。

蜜桃甜湯

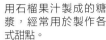 冷製

材料【4人份】

桃子……1大顆

蛋黃……2顆

砂糖……60克

牛奶……¾杯

鮮奶油……½杯

檸檬汁……1大匙

食材 MEMO

紅石榴糖漿

用石榴果汁製成的糖漿，經常用於製作各式甜點。

作法

1 把蛋黃、30克的砂糖倒入碗中攪拌均勻。在鍋中倒入牛奶、剩餘的砂糖，開火加以融化後，再倒進碗中拌勻。

2 將作法1再次倒回鍋裡，開小火，並不斷用木製刮杓攪拌、燉煮至呈黏稠狀為止。接著再倒回碗中，隔冰水冰鎮。

3 把桃子去皮（放入沸水後，再立即放入冷水）後，薄切8片裝飾用桃子片備用，並擠上少許檸檬汁。將剩餘的桃子切成不規則狀後，把作法2、鮮奶油、剩餘的檸檬汁全數倒入調理機攪拌均勻。

4 裝盤。可依喜好淋上紅石榴糖漿，以裝飾用桃子片擺盤。

做成不會太冰的室溫來飲用，
便能更突顯莓果的香甜美味。

綜合莓果佐甜橙飲

冷製

材料【4人份】

綜合莓果（冷凍）

　……1包（200克）

甜橙……1顆（270克）

Ⓐ 砂糖……4大匙

　檸檬汁……2大匙

食材 MEMO

綜合莓果

市面上有在販售草莓、覆盆子、藍莓等綜合冷凍莓果。

作法

1 甜橙削皮後將籽取出，把綜合莓果拿出退冰至半解凍狀態。並稍微將甜橙、綜合莓果分一些出來留作裝飾用。

2 將作法1、Ⓐ、½杯水倒進調理機中攪拌均勻。

3 裝盤，最後再擺上裝飾用水果點綴即可。

PART 7

提引出水果香甜
濃醇甜湯和
燉煮小點

無論是溫熱啜飲還是冰涼下肚，都能愉悅享用的甜點湯品和燉煮小點。
當作點心或早餐皆十分合適。入口的瞬間，只有滿滿的甜蜜與幸福。

加點鹽，便能提引出南瓜的甘甜。

南瓜椰汁熱奶油濃湯

温製
冷製

材料【4人份】

南瓜……100克

Ａ 椰奶……1杯
　牛奶……½杯
　砂糖……2～3大匙
　鹽……2撮

鮮奶油……¼杯

作法

1 將南瓜連皮切成約1公分的方丁。

2 取一個鍋子，加入Ａ、南瓜丁，稍微攪拌後蓋上鍋蓋，並轉成較弱的中火，燉煮約15分鐘至南瓜熟透軟爛為止。最後再倒入鮮奶油拌勻即可。

栗子與蘭姆酒簡直是最佳組合，
冷冷吃或熱熱喝都是風味絕佳！

蘭姆酒甘栗濃湯

🔥 溫製

❄ 冷製

材料【4人份】

A 栗子奶油（罐頭裝）
......1小罐（250克）
牛奶......1¼杯
鮮奶油......70毫升
蘭姆酒......1大匙
酸奶......2大匙
肉桂粉......少許
糖漬栗子（瓶裝）......4顆

作法

1 將酸奶放於室溫下，並與其餘
的 A 一起倒入調理機中攪拌。

2 裝盤，並放入糖漬栗子裝飾。
最後再撒上肉桂粉即可。

✎ 食材 MEMO

栗子奶油
將栗子過篩並添加了
砂糖及香草的調味奶
油。香醇的甘栗風味
令人著迷。

蘭姆酒
以甘蔗榨汁為原料釀
製而成的蒸餾酒。香
氣十足，除了可作為
雞尾酒飲用外，也經
常被用作蛋糕或甜點
的調味。

想煮起來常備使用的甜品湯。加點喜歡的水果與堅果一起享用吧。

果乾燉堅果甜湯

放入偏好的果乾與堅果來燉煮飲用吧！也可佐上優格或鮮奶油品嘗。

温製　冷製

材料【4人份】

砂糖……1～2大匙

無花果乾、杏桃乾、
蜜黑棗乾……各10顆

葡萄乾……4大匙

胡桃、杏仁……各8粒

肉桂棒……1根

月桂葉……1片

作法

在鍋中放入所有材料及2.5杯水後開火燉煮。等煮滾後轉為小火，並蓋上鍋蓋繼續燉煮約15分鐘。

食材 MEMO

請參閱 p.10～11 的香草＆香料介紹

肉桂棒

無論是剛做好溫熱品味，還是冰涼享用都美味！與香草冰淇淋更是絕配。

白酒糖煮蘋果

 溫製　❄冷製

材料【4人份】

蘋果（富士或紅玉蘋果）
　……4小顆

🄰 砂糖……150克
　檸檬汁……1顆
　白酒（或紅酒）……1杯

作法

1 仔細洗淨蘋果後，用竹籤在蘋果表面戳上無數小洞（如此一來，便不容易煮爛）。

2 將🄰、2.5杯水放入鍋中後開火燉煮。

3 等煮滾後將火轉小，並放入蘋果。蓋上廚房紙巾當作鍋內蓋，稍微攪動一下，並蓋上鍋蓋燉煮約20分鐘。之後，打開鍋蓋將蘋果上下顛倒擺放，再繼續燉煮約10分鐘即可。

熱騰騰的蘋果佐上香草冰淇淋，簡直是入口即化的美味。

> 如果想煮得更美味，
> 就試試自製高湯吧！

煮過一次便一生受用！
4 種絕品高湯

吃得到蔬菜的溫潤甘甜！

蔬菜高湯
(Fond de legumes)

集合各種提味蔬菜來製作高湯。加入蘑菇薄片一起熬煮，更添豐富滋味。若想讓湯品風味更加溫和潤口，使用蔬菜高湯就對了！

材料
【容易製作的份量，完成後約為4.5杯】
洋蔥……½顆（140克）
紅蘿蔔……¼根（40克）
西芹……¼根（30克）
韭蔥（有的話，取綠色部分）
　　……3公分（30克）
＊沒有的話，改用45克洋蔥也可以。

蘑菇……6朵
大蒜……½片
番茄……1小顆
檸檬（薄切）……2片
法國香草束……1束
百里香……2～3支
粗鹽……1小匙
白胡椒粒……10粒

a

b

c

d

e

POINT

作法

1 將洋蔥、紅蘿蔔、西芹、韭蔥切成薄片（記得仔細切斷纖維），蘑菇連著蒂頭切成薄片。大蒜對切後去掉蒜芯，番茄去蒂頭後，切成8等分並去籽（a）。

2 取一個鍋子，放入作法1、檸檬片、法國香草束、百里香、5杯水，開大火燉煮（b）。

3 當表面出現雜質後撈除（c），轉為小火再稍微攪拌一下，接著蓋上鍋蓋（d），燉煮約20分鐘。撒入鹽、胡椒調味並繼續燉煮約10分鐘。

4 將廚房紙巾或抹布（沾濕後擰乾）鋪在篩網上並過濾高湯即可（e）。

＊鋪上廚房紙巾或抹布後再過濾，高湯會更為清澈透明。

這裡要介紹簡單又美味的高湯製作法。雖然也可選用市售的高湯素來烹調各項食譜,但還是自製高湯的風味最合自己的味蕾!由於不含任何食品添加物,既健康又吃得安心。這些高湯並非直接飲用,而是添加至湯品或燉菜中燉煮,記得將高湯熬得清淡些。

雞高湯　　蔬菜高湯　　中式高湯　　和風高湯

濃縮了滿滿的雞肉精華!

雞高湯
(Fond de volaille)

正統的雞高湯應該要選用雞骨熬製,但用雞翅製作更為輕鬆省時。放入雞翅、提味蔬菜一起燉煮,能提引出雞肉的原汁原味。另外,提味蔬菜只須使用剩的蔬菜碎屑即可。

材料
【 容易製作的份量,完成後約為4.5杯 】
雞翅……10隻(600克)
洋蔥……¼顆(70克)
紅蘿蔔……¼根(40克)
西芹……¼根(30克)
大蒜……1瓣
法國香草束……1束
鹽……1小匙
白胡椒粒……10粒

 食材 MEMO

法國香草束
將荷蘭芹、百里香、月桂葉或西芹等香草莖捆成一束,可去除肉及魚貝類的腥味,多用於各式燉煮料理。捆入喜歡的香草來烹煮吧!

作法

1 切掉雞翅尖,並沿著雞骨中間深深地劃出刀痕(a)。

2 將洋蔥、紅蘿蔔、西芹切成薄片(記得仔細切斷纖維),大蒜對切後去掉蒜芯(b)。

3 煮一大鍋沸水後,放入雞翅汆燙(c)。等煮滾後用篩網撈出,以流水洗淨髒汙並瀝乾水分。
＊將雞翅汆燙後,能去除腥味與多餘的油脂。

4 將作法3的鍋子快速擦乾,加入雞翅、2公升的水並開大火燉煮。等煮滾後,撈去表面雜質(d),並將火轉小。接著稍微攪拌一下,即蓋上鍋蓋(e),繼續燉煮約30分鐘。加入鹽、胡椒、法國香草束及所有蔬菜後,再燉煮約20分鐘。

5 將廚房紙巾或抹布(沾濕後擰乾)鋪在篩網上後過濾高湯即可(f)。
＊鋪上廚房紙巾或抹布後再過濾,高湯會更為清澈透明。

a

b

c

d

e

f

＊煮完高湯後所剩餘的雞翅,可用手把碎肉剝下加進湯品中,或是咖哩、馬鈴薯沙拉等。

學會煮和風高湯，
也能精進做日式料理的手藝。

和風高湯

日式高湯分成鰹魚高湯、昆布高湯、小魚乾高湯等。根據個人喜好與地區，慣用的高湯也不盡相同。在此要介紹的是最為實用的一款，也就是用柴魚片與昆布熬煮的湯底。另外，若在烹煮味噌湯時添加幾匙，風味也會格外鮮甜。

a

b

c

d

e

f

材料
【容易製作的份量，完成後約為5杯】

昆布（利尻昆布等）
　　……15克

柴魚片……25克

作法

1 將昆布放進鍋中，倒入5杯水浸泡30分鐘以上（a）。開火，並在水沸騰之前把昆布取出（b）。

2 加入¼杯水、柴魚片（c），等柴魚片煮至下沉並再次浮起時，關火（d）。

3 撈去雜質，待柴魚片沉澱為止，靜置約15分鐘（e）。

4 將廚房紙巾或抹布（沾濕後擰乾）鋪在篩網上後過濾高湯即可（f）。

＊鋪上廚房紙巾或抹布後再過濾，高湯會更為清澈透明。

第二款高湯的作法【容易製作的份量，完成後約為1.25杯】

1 取另一個鍋子，放入熬煮上述和風高湯的昆布、柴魚片，倒入2.5杯水，並燉煮約30分鐘。燉煮過程中，水量會減少，記得再加至原來的高度補足。

2 燉煮約20分鐘後，放入一撮柴魚片（額外的材料），再繼續燉煮約10分鐘。最後依照上述作法4，以同樣的步驟過篩。

用絞肉熬成的簡易湯底。

中式高湯
（清湯）

中式料理中，濃湯或高湯都統稱為湯。在眾多的湯之中，清湯是可直接飲用，也可作為湯底的一種特別高湯。除了絞肉，也能使用中式火腿、雞骨、牛肉、豬肉等來製作，無論選用哪種肉類來燉煮都是既鮮美又可口。

a

材料
【 容易製作的份量，完成後約為4杯 】

雞腿肉（絞肉）……150克
豬絞肉（紅肉）……100克
青蔥（綠色部分）……20克
生薑……15克

b

c

作法

1 用菜刀平拍生薑（用力拍碎）。

2 將絞肉（預先把絞肉分散）、5杯水放入鍋中，用筷子攪拌均勻（a）。

3 加入生薑，再將青蔥用手剝成2～3等分後放入（b），開大火燉煮至沸騰為止。燉煮過程中，記得不時用筷子慢慢攪動湯底（70～80度）。

4 等絞肉浮至表面時，轉為小火，並繼續燉煮約30分鐘。燉煮過程中，記得仔細撈除表面雜質（c）。

5 將廚房紙巾或抹布（沾濕後擰乾）鋪在篩網上後過濾高湯即可（d）。

＊鋪上廚房紙巾或抹布後再過濾，高湯會更為清澈透明。

d

如何保存高湯

上述4種高湯，皆可冷藏或冷凍保存。可將熬好的高湯倒進保鮮袋或保存容器中冷藏、冷凍。冷藏室的建議保存期限約3、4天，冷凍庫則約為1週。

INDEX

藍帶廚藝學院名師親自傳授
渡邊麻紀的湯品與燉煮料理

作　　　者	渡邊麻紀
攝　　　影	原秀俊
日方編輯	中野櫻子
譯　　　者	程馨頤
編　　　輯	黃馨慧
美術設計	吳怡嫻
校　　　對	黃馨慧、鄭子琳、江志峰
發行人	程安琪
總策畫	程顯灝
總編輯	呂增娣
主　　　編	李瓊絲
編　　　輯	鄭婷尹、邱昌昊
	黃馨慧、江志峰
編輯助理	鄭子琳
美術主編	吳怡嫻
資深美編	劉錦堂
美　　　編	侯心苹
行銷總監	呂增慧
資深行銷	謝儀方
行銷企劃	李承恩、程佳英
發行部	侯莉莉
財務部	許麗娟、陳美齡
印務	許丁財
出版者	橘子文化事業有限公司
總代理	三友圖書有限公司
地址	106台北市安和路2段213號4樓
電話	(02) 2377-4155
傳真	(02) 2377-4355
E－mail	service@sanyau.com.tw
郵政劃撥	05844889 三友圖書有限公司
總經銷	大和書報圖書股份有限公司
地址	新北市新莊區五工五路2號
電話	(02) 8990-2588
傳真	(02) 2299-7900
製版印刷	卡樂彩色製版印刷有限公司
初版	2016年10月
定價	新臺幣380元
ISBN	978-986-364-094-3（平裝）

スープと煮込み
SOUP TO NIKOMI
© Shufunotomo Co., Ltd. 2015
Originally published in Japan by Shufunotomo Co., Ltd.
Complex-character Chinese edition © SanYau Publishing 2016
Translation rights arranged with Shufunotomo Co., Ltd.
through Keio Cultural Enterprise Co., Ltd.

國家圖書館出版品預行編目（CIP）資料

渡邊麻紀的湯品與燉煮料理：藍帶廚藝學院名師親自傳授
／渡邊麻紀著；程馨頤譯. -- 初版. -- 臺北市：橘子文
化，2016.10
　　面；公分
ISBN 978-986-364-094-3（平裝）

1.食譜

427.1　　　　　　　　　　　　　　　　105017694